RHEINISCH WESTFÄLISCHE AKADEMIE DER WISSENSCHAFTEN

Rheinisch-Westfälische Akademie der Wissenschaften

Natur-, Ingenieur- und Wirtschaftswissenschaften Vorträge · N 226

Herausgegeben von der
Rheinisch-Westfälischen Akademie der Wissenschaften

WILHELM DETTMERING

Entwicklungsschritte
zur Überschallverdichterstufe

FRIEDRICH EICHHORN

Verfahrenstechnische Entwicklung
der Schweißtechnik
und ihre Bedeutung für die
industrielle Fertigung

Westdeutscher Verlag · Opladen

208. Sitzung am 5. Juli 1972 in Düsseldorf

ISBN-13: 978-3-531-08226-4 e-ISBN-13: 978-3-322-85579-4
DOI: 10.1007/978-3-322-85579-4

Gesamtherstellung: Westdeutscher Verlag GmbH

Inhalt

Entwicklungsschritte zur Überschallverdichterstufe

Von *Wilhelm Dettmering*, Essen

1. Einführung

An der Entwicklung des Überschallverdichters wird seit etwa 40 Jahren mehr oder weniger erfolgreich gearbeitet. Den ersten Versuch, einen Überschallverdichter technisch auszuführen, hat A. Weise (TH Stuttgart) im Jahre 1936 unternommen. Abb. 1 zeigt die von ihm konstruierte und ausgeführte Maschine. Es ist eine einstufige, axial durchströmte Maschine mit 255 mm Nabendurchmesser und 32 mm Schaufelhöhe. Die experimentellen Ergebnisse, die mit dieser Maschine gewonnen wurden, zeigt Abb. 2. Es ist die Darstellung des Druckverhältnisses über dem Massenstrom für konstante Drehzahlen mit gestrichelt eingezeichneten Linien für konstante Wirkungsgrade. Im Bereich des besten Wirkungsgrades betrug das erreichte Stufendruckverhältnis etwa 1,2. Allerdings lag der Wirkungsgrad nur bei 40%. Wenn auch dieses Ergebnis noch unbefriedigend war, so schmälert es nicht das Verdienst von A. Weise, der den ersten Schritt zur technischen Realisierung des Überschallverdichters getan hat.

Im Jahre 1941 wurde von der NACA ein umfangreiches Programm zur systematischen Untersuchung von Überschallverdichtern begonnen. Diese Systematik ist in etwas erweiterter Form in Abb. 3 dargestellt. Es zeigt die für Überschallverdichterstufen möglichen Kombinationen von Leit- und Laufrad mit den angestrebten Strömungsverhältnissen in der Leitrad- und Laufradbeschaufelung. Die Laufradtypen werden unterschieden nach

① Überschall-Laufrad
②, ③ Stoß im Laufrad
④ Unterschall-Laufrad

Durch Kombination dieser Laufradtypen mit einem Unterschall- oder Überschall-Leitrad mit Stoß ergeben sich die verschiedenen Stufentypen. Stoß im Laufrad bzw. Stoß im Leitrad bedeutet dabei immer, daß im Eintrittsbereich des Schaufelgitters ein auf Unterschallgeschwindigkeit führender Verdichtungsstoß stabilisiert wird.

Die NACA baute für diese systematischen Untersuchungen einen Prüfstand (Abb. 4), der den Einbau der unterschiedlichsten Lauf- und Leiträder erlaubte. Die ersten Untersuchungen beschränkten sich auf den Stufentyp ⑦ der Systematik mit Stoß im Laufrad und Unterschall-Leitrad. Die Laufräder dieses Typs sind durch eine geringe Umlenkung gekennzeichnet. Abb. 5 zeigt ein ausgeführtes Laufrad.

Infolge der relativ geringen Unterschiede bei der Auslegung der Laufräder bewegten sich die erreichten Totaldruckverhältnisse in einem Bereich von 1,8 bis 2,2. Im Mittel blieben sie jedoch um etwa 30% hinter dem Auslegungsdruckverhältnis zurück. Die relativ hohen Laufradverluste sowie die ungleichmäßige Geschwindigkeitsverteilung hinter dem Laufrad ließen die Untersuchung vollständiger Verdichterstufen wenig aussichtsreich erscheinen. Aus diesem Grunde wurden die Versuche mit diesem Laufradtyp abgebrochen, ohne daß Stufenuntersuchungen durchgeführt worden wären.

Die weiteren Untersuchungen der NACA konzentrierten sich dann auf den Stufentyp ① der Systematik mit Überschall-Laufrad und Stoß im Leitrad. Bei den verschiedenen Laufrädern wurden sehr unterschiedliche Auslegungsdaten zugrunde gelegt. So schwankten die Auslegungsdruckverhältnisse zwischen 3 und 10, als Folge der unterschiedlichen Strömungsgeschwindigkeit und Umlenkung im Laufrad. Abb. 6 zeigt ein solches stark umlenkendes Überschall-Laufrad für ein Auslegungsdruckverhältnis von 5,5. Zwangsläufig ergaben sich dadurch auch sehr hohe Leitrad-Anströmmachzahlen von 1,8 bis 2,6. Für das Laufrad allein wurden zufriedenstellende Druckverhältnisse und Wirkungsgrade gemessen. Die durchgeführten Stufenuntersuchungen jedoch ergaben einen starken Abfall sowohl der Druckverhältnisse als auch der Wirkungsgrade. Die für dieses Laufrad ermittelten Drossel-Linien sind in Abb. 7 als gestrichelte Kurven dargestellt. Die ausgezogenen Kurven zeigen die Kennlinien der Überschallverdichterstufe. Der starke Abfall des Druckverhältnisses und des Wirkungsgrades ist durch Strömungsablösungen an der Nabe des Laufrades sowie die Stoßverluste im Leitrad zu erklären. Die Untersuchungen des Stufentyps „Überschall-Laufrad-Stoß im Leitrad“ wurden bei der NACA bis 1956 fortgesetzt, ohne zu einem befriedigenden Ergebnis geführt zu haben.

Weitere Untersuchungen an Überschallverdichterstufen wurden am „von-Karman“-Institut in Brüssel durchgeführt. Eine wesentliche Verbesserung der bisher bekannten Ergebnisse konnte m. W. jedoch nicht erreicht werden.

Ich komme damit zu den eigenen Arbeiten. Trotz dieser nicht sehr ermutigenden Ergebnisse der vorgestellten Arbeiten habe ich mit meinen Mitarbeitern folgende Schritte zur systematischen Entwicklung einer Überschallverdichterstufe durchgeführt:

1. Experimentelle Untersuchungen an ebenen Gittern. Die Lösung dieser Aufgabe lieferte den entscheidenden Beitrag zur Verwirklichung der Über-

schallverdichterstufe. Die Überschallströmung mit guten Wirkungsgraden auf Unterschallgeschwindigkeit zu verzögern bei gleichzeitiger Umlenkung, ist die wichtigste Voraussetzung für den Bau einer Stufe mit annehmbaren Wirkungsgraden. Die eigenen mehrjährigen Untersuchungen an ebenen Gittern führten schließlich zu einer Tandem-Anordnung zweier Schaufelreihen.

2. In einem zweiten Schritt wurden diese Tandemgitter in rotationssymmetrischer Anordnung untersucht. Diese Tandemgitter sollen als Leitrad in der Überschallverdichterstufe eingesetzt werden, d. h., sie rotieren nicht. Die experimentellen Untersuchungen sollten den Einfluß des Druckgradienten, der Wandgrenzschichten und der Sekundärströmung klären.

Nach diesen Vorarbeiten für die Konstruktion des Leitrades als Tandemgitter sowohl in ebener als auch in rotationssymmetrischer Anordnung mußte noch ein ausführliches theoretisches Studium über die Durchströmung des Überschallverdichter-Laufrades durchgeführt werden. Die Berechnung der räumlichen Strömungen innerhalb der Laufradbeschaufelung mit Hilfe des Charakteristikenverfahrens sollte insbesondere den Einfluß der Randbedingungen, wie Schaufelgeometrie und Nabenkontur, auf die Strömung zeigen und zu einer möglichst gleichförmigen Leitradanströmung führen.

3. Im dritten Schritt sind dann die experimentellen Untersuchungen an der Überschallverdichterstufe in Angriff genommen worden. Dieser Prüfstand ist im Jahre 1971 fertig geworden.

2. Betrachtungen über technisch erreichbare Verzögerungen der Überschallströmung in Schaufelgittern

Bevor die genannten Entwicklungsschritte im einzelnen dargestellt werden, möchte ich einige grundlegende Betrachtungen zur Auslegung von Überschallverdichterstufen anstellen. Diese Überlegungen führen dazu, die Grenzen zu erkennen, in welchen Überschallverdichterstufen sinnvoll sind. Diese Grenzen sind unmittelbar verknüpft mit den möglichen Umlenkungen und Verzögerungen einer Überschallströmung und den daraus resultierenden Strömungsverlusten.

Aus der folgenden Abb. 8 ist abzulesen, daß die bei vollständigem isentropem Aufstau erreichbare Drucksteigerung mit der Machzahl stark ansteigt. Zum Beispiel ergibt sich für die Machzahl 2 ein Druckverhältnis von 8. Es kommt also entscheidend darauf an, eine möglichst verlustarme kontinuierliche Verzögerung der Strömung auf niedrige Geschwindigkeiten zu erreichen. Das Bauelement zur Verzögerung der Strömung ist das Schaufelgitter. Für ein solches Schaufelgitter zeigt sich nun, daß die Belastbarkeit, d. h. das maximal erreichbare Verzögerungsverhältnis, Grenzen hat. In einem inkompressibel durchströmten Schaufelgitter (Abb. 9) liegt die Grenze für das Verzögerungsverhältnis bei etwa 0,7. Die Grenzschicht-Ablösung verhindert die gewünschte größere Verzögerung der Strömung und führt zu großen Verlusten. Der gestrichelte Teil der Kurve ist also praktisch nicht erreichbar.

Entscheidend für die Betrachtung der Verzögerung der Strömung ist die Änderung der Massenstromdichte abhängig von der Machzahl. Diese Abhängigkeit ist in Abb. 10 dargestellt. Sie zeigt, daß eine maximale Massenstromdichte bei der Machzahl 1 vorhanden ist und daß gleiche Massenstromdichten im Unter- und Überschallbereich möglich sind. Die folgenden Überlegungen sollen zeigen, daß die Umkehrung der Beschleunigung einer Überschallströmung, wie z. B. in einer Lavaldüse, nicht vollständig möglich ist. Betrachten wir den Aufbau der Überschallströmung in einem zur Vermeidung von Kopfwellen mit sehr spitzen Vorderkanten ausgestatteten Strömungskanal, so wird bei niedriger Anströmmachzahl ($M_\infty \ll 1$) infolge der Kanalverengung zunächst eine Beschleunigung der Strömung stattfinden, die jedoch noch vollständig im Unterschall bleibt. Eine Steigerung der Anströmmachzahl führt zuerst im engsten Querschnitt $A_{\min}$ auf Schallgeschwindigkeit (Abb. 11, ①). In diesem Moment ist in $A_{\min}$ die maximale Massenstromdichte erreicht. Bei weiterer Zunahme der Anströmmachzahl muß eine Umströmung des Hindernisses erfolgen, da die Massenstromdichte vor dem Gitter noch zunimmt, während sie im engsten Querschnitt bei $M = 1$ nicht mehr gesteigert werden kann (②). Die eingetragenen Zahlenwerte für die Machzahlen geben nur die Größenordnung wieder.

Wird nun M_∞ geringfügig auf Überschall gesteigert, so kann die „Nachricht" vom Vorhandensein eines Hindernisses nur über ein Unterschallgebiet stromaufwärts gelangen. Der Übergang von $M > 1$ auf $M < 1$ vollzieht sich in einem Verdichtungsstoß, der sich in einem gewissen Abstand vor dem Hindernis ausbildet. Vor dem Stoß ist A_∞ kleiner als A_1; das bedeutet, daß der Körper weiterhin umströmt wird (③).

Wird die Machzahl weiter gesteigert, so sinkt die Massenstromdichte in der Anströmung ab. Gleichzeitig nimmt der Querschnitt A_∞ zu, bis schließlich der Querschnitt A_∞ gleich A_1 wird. In diesem Fall liegt der Stoß genau zwischen den Kanten des Einlaufs, und es findet gerade keine Umströmung mehr statt (④). Bei weiterer Erhöhung der Machzahl sinkt die Massenstromdichte weiter ab, so daß im engsten Querschnitt bei $M = 1$

mehr durchströmen kann, als durch A_1 eintritt. Tatsächlich erhöht sich der Massenfluß im Querschnitt A_{min} nicht. Das Gleichgewicht zwischen den Massenströmen in den beiden Querschnitten wird durch weitere Verschiebung des Verdichtungsstoßes in den Strömungskanal hinein hergestellt (⑤). Der Stoß findet aber keine stabile Position in dem sich verengenden Kanal und wandert weiter stromabwärts, bis ein stabiler Gleichgewichtszustand erreicht ist. Die Überschallströmung baut sich im gesamten Kanal auf (⑥). Damit ist der Überschallstartvorgang beschrieben.

Die Machzahl, bei der dieser Startvorgang stattfindet, ist aus der Kontinuitätsgleichung unter Berücksichtigung der Ruhedruckverluste im Verdichtungsstoß zu berechnen. Aus dem Querschnittsverhältnis A_2/A_1 läßt sich nun für die „gestartete", reibungsfrei angenommene Strömung die statische Druckerhöhung ermitteln. Die Ergebnisse dieser Berechnungen sind in Abb. 12 über der Anströmmachzahl M_1 aufgetragen.

Das wichtigste Ergebnis für die Abschätzung der Möglichkeiten eines ausschließlich im Überschallbereich arbeitenden Verdichters ist, daß das Verdichtungsdruckverhältnis selbst bei einer reibungsfreien Strömung relativ niedrig bleibt. Für $M_1 \to \infty$ ergibt sich der Maximalwert für das Druckverhältnis $p_2/p_1 = 2{,}04$. Da die Druckerhöhung durch vollständigen isentropen Aufstau $(p_{t1} - p_1)$ beliebig ansteigt, nimmt der in den Grenzen der Überschallstartbedingung ausnutzbare Anteil $c_p = (p_2 - p_1)/(p_{t1} - p_1)$ nach Überschreiten eines Maximums von etwa 11% bei $M_1 = 1{,}35$ stetig ab.

Größere Verzögerungen und damit größere Druckverhältnisse können durch Ausnutzung des senkrechten Verdichtungsstoßes erreicht werden, der jedoch stets mit Ruhedruckverlusten verbunden ist. Der Zusammenhang zwischen den erreichbaren statischen Druckverhältnissen, dem Totaldruckverhältnis, der Anströmmachzahl M_1 und dem erreichbaren polytropen Wirkungsgrad bei Annahme reibungsfreier Strömung ist in den Abb. 13 und 14 dargestellt.

Es ergibt sich, daß bei relativ niedrigen Machzahlen Druckverhältnisse erreicht werden (s. Abb. 8), die den Maximalwerten bei isentroper Verzögerung nahekommen. Allerdings fällt der Wirkungsgrad mit steigender Anströmmachzahl M_1 stark ab, so daß der Bereich oberhalb der Machzahl 2 für die Anwendung in einem Überschallverdichter dieser Gitterkonfiguration uninteressant wird. Bei niedrigen Machzahlen ergeben sich sehr günstige Resultate für die Verdichtung in senkrechten Stößen, z. B. $M_1 = 1{,}6$ ergibt $p_2/p_1 = 2{,}8$; η_{pol} etwa 0,9. Für die kompressible Strömung ist in Abb. 15, abhängig vom Verzögerungsverhältnis, die erreichbare Drucksteigerung bezogen auf die theoretisch mögliche Drucksteigerung für verschiedene Parameter dargestellt.

(A) Unterschallgitter

Die Kurve für die inkompressible, reibungsfreie Unterschallverzögerung ist zum Vergleich eingetragen und entsprechend dem „de Haller"-Kriterium bei $(c_2/c_1)_{\min} = 0{,}7$ abgebrochen.

(B) Stoßfreie Überschallverzögerung

Wie bei der Betrachtung der Überschallstartbedingung (Abb. 12) zu erkennen war, ergibt sich bei einer stoßfreien Verzögerung der Überschallströmung nur eine sehr geringe statische Druckerhöhung.

(C) Senkrechter Verdichtungsstoß

Die Kurve (C) zeigt, wie sich Druckkoeffizient und Verzögerung durch Ausnutzung des senkrechten Verdichtungsstoßes erhöhen.

(D) Senkrechter Verdichtungsstoß mit nachfolgender Querschnittserweiterung

Die in Abb. 15 eingezeichneten Kurven konstanter Anströmmachzahl M_1 zeigen deutlich, wie, ausgehend vom senkrechten Verdichtungsstoß, durch zusätzliche Querschnittserweiterung eine weitere Steigerung des Druckkoeffizienten erreicht wird. Die Schnittpunkte mit den Linien konstanten Anströmwinkels α_1 geben die erreichbaren Werte für ein vorgegebenes Gitter mit konstantem Abströmwinkel $\alpha_2 = 90°$ an. Die außerordentlich hohe Belastung der Grenzschichten infolge der Verzögerung und Umlenkung sowie der zusätzlichen Stoß-Grenzschicht-Wechselwirkung hat zur Folge, daß in einem Einreihengitter bei Querschnittserweiterung stets Ablösung auftritt. Erst durch Aufteilung der Belastung auf die zwei Reihen eines Tandemgitters konnte dieses Problem gelöst werden. Der in den Experimenten am ebenen Überschallgitterkanal untersuchte Anströmmachzahl- und Anströmwinkelbereich ist durch das schraffierte Feld (D) angegeben.

(E) Senkrechter Verdichtungsstoß und nachfolgende Querschnittsverengung ($M_2 = 1$)

Durch die Verlegung des engsten Querschnitts in den Gitteraustritt soll erreicht werden, daß sich dort der kritische Strömungszustand einstellt und die Lage der Stoßfront sowie die Strömung im größten Teil des Gitters durch die Absenkung des Gegendrucks unbeeinflußt bleiben. Ein solches Gitter könnte als Laufrad für den Stufentyp ② bzw. ⑥ in Abb. 3 eingesetzt werden.

Damit sind für das ebene Verzögerungsgitter die theoretisch erkennbaren Grenzen abgesteckt worden. Ausgeführte Versuche ergänzen diese Werte um die zusätzlich auftretenden Verluste, wie Reibung, Sekundärströmung etc.

Die Entwicklung einer leistungsfähigen Überschallverdichterstufe ergibt sich aus den sinnvollen Kombinationen derartiger Schaufelgitter. Für die weiteren Untersuchungen ist der Stufentyp ① (Abb. 3) ausgewählt worden. Das Laufrad wird vollständig mit Überschallgeschwindigkeit durchströmt. Die statische Druckerhöhung findet im Leitrad statt. Abb. 16 zeigt schematisch die Beschaufelung mit den entsprechenden Machzahldreiecken, wie sie ähnlich auch in der ausgeführten Stufe vorliegt. Zur Abschätzung der Leistungsfähigkeit und Ermittlung optimaler Zu- und Abströmbedingungen sind für diesen Stufentyp ausführliche eindimensionale Stufenberechnungen durchgeführt worden. Diese Berechnungen beziehen sich auf den Mittelschnitt und setzen voraus, daß die Strömung adiabat verläuft und keine Radialkomponenten in den Spaltebenen zwischen den Schaufeln auftreten.

Die Strömungsverluste sind an dieser Stelle noch nach veröffentlichten Ergebnissen für die Laufräder und nach eigenen Untersuchungen an Tandemgittern für die Leiträder eingesetzt worden. Das Ergebnis dieser Stufenberechnung nach der Stromfadentheorie ist in den Abb. 17 und 18 dargestellt.

Im Bereich optimalen Wirkungsgrades ($\eta \approx 80\%$) ergeben sich Druckverhältnisse von 3 bis 3,5. Darüber hinaus zeigen die Ergebnisse, daß besonders hohe Druckverhältnisse nur unter erheblichen Wirkungsgradeinbußen erreicht werden können.

Der Vergleich des Überschallverdichters mit dem Transschall- und Unterschallverdichter, wie er in Abb. 19 durchgeführt ist, zeigt für das Totaldruckverhältnis 3 und einen vorgegebenen Massenstrom die hohe Leistungskonzentration durch Erhöhung der Strömungsgeschwindigkeit. Die Leistungskonzentration drückt sich hier durch das abnehmende Bauvolumen aus.

Ich komme jetzt zurück auf die Darstellung der wesentlichen Schritte zur Entwicklung des Überschallverdichters.

3. Experimentelle Untersuchungen am ebenen Überschallverzögerungsgitter

In Abb. 20 sind verschiedene Arten von ebenen Überschallverdichtergittern zusammengestellt. Es sind Einreihengitter und Tandemgitter für Über- und Unterschallumlenkung. Die Anforderungen, die an die Gitter gestellt werden, sind mit I, II und III bezeichnet. In Abb. 21 ist die Durchströmung dieser Gitter mit Hilfe des Schlierenverfahrens sichtbar gemacht. Bildteil ① zeigt ein Gitter, mit dem die Überschallströmung mit relativ geringen Ruhedruckverlusten um große Winkel umgelenkt werden kann. Auch die Abströmung liegt im Überschall. Diese Gitter wurden von Oswatitsch berechnet und entworfen. Die Umwandlung kinetischer Energie in Druckerhöhung ist damit nur in engen Grenzen möglich. Die in Bildteil ② gezeigten Schaufeln mit stumpfen Hinterkanten (blunt trailing edge) sind später vor allem im „von Karman"-Institut untersucht worden. Die in Bildteil ③ gezeigten Gitter entsprechen den von der NACA untersuchten Laufrädern. Für die experimentellen Untersuchungen an diesen ebenen Überschallverzögerungsgittern stand der in Abb. 22 gezeigte kontinuierlich arbeitende Überschallgitterkanal zur Verfügung.

Die Strömung wird in einer Lavaldüse (Abb. 23) auf Überschallgeschwindigkeit beschleunigt. Durch die austauschbaren Düsenwandteile können Machzahlen zwischen 1,2 und 2,0 in Abstufungen von 0,1 eingestellt werden.

Die folgenden Schlierenfotos zeigen die Durchströmung des Tandemgitters bei verschiedenen Drosselzuständen. Expansionsgebiete erscheinen blau bzw. weiß, Kompressionsgebiete rot bzw. dunkel. Die Durchströmung erfolgt von links nach rechts. Der senkrechte schwarze Strich in der Bildmitte entsteht durch die Teilfuge zwischen den beiden Glasplattenpaaren, in denen jeweils eine Gitterreihe befestigt ist.

Das erste Schlierenfoto zeigt die Durchströmung beider Gitterreihen mit Überschallgeschwindigkeit (Abb. 24). Die Hinterkantenstöße der zweiten Schaufelreihe zeigen, daß sich der Übergang auf Unterschallgeschwindigkeit weit hinter dem Gitter vollzieht. Erhöht man durch Schließen der Drossel den Gegendruck, so wandert in jedem Strömungskanal ein Stoßsystem stromaufwärts, welches sich aus mehreren, mit den Grenzschichten in starker Wechselwirkung stehenden Verdichtungsstößen zusammensetzt. Diese sind besonders in der ersten Gitterreihe deutlich zu sehen (Abb. 25).

Schließlich erreichen die Stöße ihre vorderste stabile Position im Gittereintritt (Abb. 26). Bei dieser Strömungsform treten die geringsten Totaldruckverluste auf.

Die Nachlaufmessungen lassen die für die Tandemgitter charakteristische Form der Totaldruckverteilung erkennen (Abb. 27). Wie die Schlierenaufnahmen zeigen, verursacht der Verdichtungsstoß im Eintrittsbereich der Tandemgitter eine starke Verdickung der Grenzschicht an der Schaufelsaugseite. Da sich der Strömungsquerschnitt im Bereich der ersten Gitterreihe nicht wesentlich erweitert, bleibt die Dicke dieser Grenzschicht auch während der Umlenkung nahezu konstant. Druck- und Saugseitengrenzschicht der ersten Schaufelreihe vermischen sich dann gemeinsam mit der energiereicheren Strömung. Dadurch entstehen relativ breite Nachlaufdellen. Die Grenzschichtdicken der zweiten, nur durch die Unterschallverzögerung belasteten Gitter bleiben relativ dünn und ergeben schärfer ausgeprägte, schmale Nachlaufdellen. Die unteren Diagramme zeigen die aus diesen Nachlaufmessungen gebildeten Mittelwerte des Totaldruckverhältnisses sowie das statische Druckverhältnis des Gitters für verschiedene Machzahlen bei einem Auslegungsanströmwinkel von $\alpha_1 = 34°$. Mit steigender Anströmmachzahl nimmt das Totaldruckverhältnis ab, während das statische Druckverhältnis ansteigt. So wird z. B. bei $M_1 = 1{,}6$ ein statisches Druckverhältnis von 3,2 bei einem Totaldruckverhältnis von 0,8 erreicht.

Die aus diesen Versuchen resultierenden Ergebnisse für das ebene Überschallverzögerungsgitter sind in Abb. 28 zusammengestellt. Die Überlegenheit der Tandemgitter ist deutlich zu erkennen. Sie wird jedoch mit abnehmender Umlenkung geringer.

Die Experimente an ebenen Überschall-Tandemgittern haben gezeigt, daß die Umwandlung der kinetischen Energie der Anströmung in statische Druckerhöhung zufriedenstellend erfüllt wird. Vor dem Einsatz dieser Tandemgitter in einer Überschallverdichterstufe sind diese Gitter in einem weiteren Schritt in rotationssymmetrischer Anordnung untersucht worden, um den Einfluß des Druckgradienten, der Wandgrenzschichten und Sekundärströmungen festzustellen.

4. *Experimentelle Untersuchungen am rotationssymmetrischen Tandemgitter*

Für die rotationssymmetrische Anordnung wird vor das Tandemgitter ein Beschleunigungsgitter gesetzt, das die Überschallströmung erzeugt. Abb. 29 zeigt einen Zylinderschnitt durch die Versuchsbeschaufelung. Als besondere Einrichtung besitzt der Prüfstand eine nach dem Koinzidenzprinzip arbeitende, schlierenoptische Anlage, mit der die Stoßkonfigurationen innerhalb der Schaufelgitter sichtbar gemacht werden. Das Licht wird durch ein Linsensystem radial auf die verspiegelte Nabenoberfläche geworfen und ebenso von dort reflektiert. An die Genauigkeit der Nabenoberfläche werden daher höchste Anforderungen gestellt. Abb. 30 zeigt für ein Nabenverhältnis von 0,75 die auf die verspiegelte Nabe montierte Versuchsbeschaufelung – links das Beschleunigungsgitter, rechts das Tandemgitter.

In Abb. 31 ist das Schema der schlierenoptischen Einrichtung wiedergegeben. Abb. 32 zeigt einen Querschnitt durch die Zylinderoptik. In der Ansicht des Prüfstandes sind die Meßstrecke und der Aufbau der schlierenoptischen Einrichtung zu erkennen (Abb. 33).

Die folgenden Bilder zeigen Schlierenaufnahmen der durchströmten Beschaufelung. In Abb. 34 hat sich die Überschallströmung in allen Schaufelkanälen ausgebildet. Die Anströmmachzahl zum Tandemgitter beträgt $M_1 = 1{,}43$. Die Aufnahmen lassen erkennen, daß wegen der erwähnten Genauigkeitsanforderungen an die verspiegelte Nabenoberfläche die Bildqualität nicht mit der der ebenen Gitterströmung zu vergleichen ist. Abb. 35 zeigt den stark gedrosselten Zustand, bei dem sich der senkrechte Stoß in der vordersten stabilen Lage befindet.

In der folgenden Abb. 36 sind die Nachlaufmessungen für ein Nabenverhältnis $\nu = 0{,}75$ dargestellt. Das untere Diagramm zeigt den Totaldruckverlauf über drei Teilungen, während im oberen Diagramm die Mittelwerte aus den Messungen in Umfangsrichtung über dem Radius dargestellt sind. Die Nachlaufmessungen weisen im Gegensatz zu den Untersuchungen am ebenen Tandemgitter nicht mehr zwei Nachlaufdellen pro Teilung auf. Die Maxima der saugseitigen Stromfäden sind praktisch verschwunden. Dies ist vermutlich auf eine teilweise Ablösung der Strömung an der Schaufelsaugseite der Umlenkschaufeln zurückzuführen. Das mittlere Totaldruckverhältnis beträgt $p_{t2}/p_{t1} = 0{,}766$.

5. Auslegung des Überschallimpulslaufrades

Die Ermittlung der Durchströmung des ausgeführten Überschallverdichterlaufrades erfordert sehr ausführliche Berechnungen. Zur Erfassung der räumlichen Strömung ist der Schaufelkanal nach Abb. 37 durch zwei Arten von Strömungsflächen unterteilt worden.

Die Strömungsflächen vom Typ S_1 beginnen vor Eintritt in das Laufrad auf einem Kreisbogen $\widehat{ab}$ und setzen sich entsprechend dem Verlauf der Stromlinien durch den Laufradkanal fort. Strömungsflächen dieses Typs sind die Außenwand und die Nabenkontur.

Strömungsflächen vom Typ S_2 werden durch die Stromlinien gebildet, die von einem Radiusstrahl $\overline{ab}$ vor dem Laufrad ausgehen. Strömungsflächen dieses Typs sind die Saug- und Druckseiten der Schaufeln.

Durch die Einführung der Strömungsflächen wird eine schrittweise Berechnung der räumlichen Strömung mit einer mathematisch zweidimensionalen Behandlung nach dem Charakteristikenverfahren möglich.

Abb. 38 zeigt das Charakteristikennetz einer S_1- und S_2-Fläche.

Das nach diesem Berechnungsverfahren ausgelegte Überschallverdichterlaufrad zeigt Abb. 39.

6. *Experimentelle Untersuchung des Überschall-Laufrades*

Der dritte Schritt dient der Untersuchung der vollständigen Überschallverdichterstufe. Der hierfür entwickelte Prüfstand ist in Abb. 40 und 41 gezeigt. Er erlaubt den Einbau von Stufen unterschiedlicher Geometrie bis zu Nabenverhältnissen von 0,5. Zur Verringerung der Wandgrenzschichten ist eine Grenzschichtabsaugung vor dem Laufrad an der Nabe und am Gehäuse vorgesehen.

Die Zuströmung zum Laufrad wird mit Strömungssonden gemessen, die radial und azimutal verstellbar sind. Auch hinter dem Lauf- und Leitrad können mit Hilfe verstellbarer Strömungssonden Strömungsvektoren und thermodynamische Größen gemessen werden. Mit einer schlierenoptischen Meßstrecke, wie sie schon beim rotationssymmetrischen Gitterkanal verwendet worden ist, kann auch hier die Strömung beobachtet werden.

Alle Untersuchungen an Strömungsmaschinen, die mit hohen Strömungsgeschwindigkeiten arbeiten, erfordern zwangsläufig hohe Umfangsgeschwindigkeiten für die rotierenden Schaufeln und Schaufelträger. Damit kommen zusätzlich Festigkeitsprobleme in den Versuchsbetrieb und erschweren ihn beträchtlich. Zum Beispiel ergibt sich im vorliegenden Falle mit Luft als Strömungsmedium eine Umfangsgeschwindigkeit von etwa 500 m/s. Die schwierigen mit dem Werkstoff verknüpften Festigkeitsprobleme sind hier vermieden worden durch den Aufbau des Versuchsverdichters in einem geschlossenen Kreislauf (Abb. 42) und Verwendung von Freon 12 als Strömungsmedium. Bei Freon 12 ist die Schallgeschwindigkeit nahezu halb so groß wie die der Luft, so daß die Materialbeanspruchung auf etwa ein Viertel der bei vergleichbarem Betrieb mit Luft auftretenden Werte reduziert wird.

Der Versuchsverdichter wird durch einen stufenlos regelbaren, pendelnd gelagerten Gleichstrommotor mit einer Leistung von 1500 kW angetrieben.

In der folgenden Abb. 43 ist die gemessene Wanddruckverteilung entlang des Strömungskanals aufgezeichnet. Der Druckabfall am Eintritt des Laufrades zeigt deutlich, daß das Laufrad bei vollständig geöffneter Drossel mit Überschallgeschwindigkeit durchströmt wird. Durch die geometrische Form der Nabenkontur steigt der Druck an der Außenwand an. Diese Zone liegt in einem Bereich, in dem die von der Nabenkontur ausgehenden Kompressionswellen die Wand treffen. Sie sind etwa unter dem Machschen Winkel in Strömungsrichtung geneigt. Hinter dem Laufrad erfolgt ein weiterer Druckabfall, der auch hier auf eine Überschallströmung hinweist. Die in diesem Bereich auffallenden sprunghaften Druckanstiege und -absenkungen sind auf ein komplexes System von schwachen Verdichtungsstößen und Expansionen zurückzuführen. Dabei nehmen die Druckschwankungen mit steigender Drehzahl zu. An der Nabe sind die statischen Drücke infolge des radialen Druckgradienten und der höheren Machzahlen niedriger als an der Außenwand.

Im Bereich des Laufrades ist die mit Hilfe des Charakteristikenverfahrens berechnete Wanddruckverteilung eingezeichnet. Die gute Übereinstimmung mit den gemessenen Werten ist deutlich erkennbar. Die Meßwerte liegen etwas über den berechneten Werten, weil die von der Schaufelvorderkante ausgehenden schiefen Verdichtungsstöße in der Rechnung nicht berücksichtigt sind.

In Abb. 44 ist die Druckverteilung an der Außenwand für eine konstante Drehzahl bei verschiedenen Drosselstellungen dargestellt. Die untere, dicker ausgezogene Kurve zeigt die Druckverteilung bei völlig ungedrosselter Überschalldurchströmung. Mit zunehmender Drosselung wandert ein starker Verdichtungsstoß stromaufwärts, der die Strömung auf Unterschallgeschwindigkeit verzögert. Dabei wird die Druckverteilung stromaufwärts des Verdichtungsstoßes infolge der Überschallströmung nicht beeinflußt. Bei stärkster Drosselung wandert der Verdichtungsstoß in den Eintrittsbereich des Laufrades. Dabei wird hinter dem Laufrad der höchste statische Druck erreicht. Die gemessenen Werte entsprechen einem statischen Druckverhältnis von etwa 2,5. Eine weitere Drosselung führt zu einer instabilen Position des Verdichtungsstoßes vor dem Laufrad.

Der Verlauf des Totaldruckverhältnisses (Abb. 45) und des totalen isentropen Wirkungsgrades (Abb. 46) über dem Radius ist für verschiedene Drehzahlen bei ungedrosselter Strömung dargestellt. Die starke Zunahme des Totaldruckverhältnisses mit der Drehzahl ist aus diesem Bild gut zu erkennen.

Die über dem Radius mit dem Massenstrom integrierten Mittelwerte der Totaldruckverhältnisse und totalen isentropen Wirkungsgrade zeigt das folgende Bild (Abb. 47) abhängig von der Drehzahl. Das Totaldruckverhältnis steigt mit der Drehzahl an. Dagegen verringert sich der Wirkungsgrad in dem untersuchten Bereich um etwa 1%. Die Absolutwerte von 88 bis 89% liegen deutlich über den bisher mit derartigen Laufrädern erzielten Werten.

Die vorliegenden Meßergebnisse für die gedrosselte und ungedrosselte Strömung erlauben die Darstellung eines ersten Verdichter-Kennfeldes. Dieses Kennfeld (Abb. 48) zeigt für drei Drehzahlen den Zusammenhang zwischen dem Massenstrom und dem Totaldruckverhältnis. Der Abfall des Totaldruckverhältnisses mit zunehmender Drosselung ist durch die Verluste verursacht, die durch den in die Laufradbeschaufelung gedrängten Verdichtungsstoß entstehen.

Der totale isentrope Wirkungsgrad erreicht seinen Optimalwert von 89% bei ungedrosselter Durchströmung des Laufrades.

Die Entwicklung des Überschallverdichters ist mit diesen Ergebnissen noch nicht abgeschlossen. Vor allem fehlt die Untersuchung der Stufe, bei der auch das Leitrad eingebaut ist. Dieses Leitrad wird jetzt nach den gemessenen Abströmverhältnissen hinter dem Laufrad ausgelegt. Die ursprüngliche Absicht, das Ergebnis dieser Untersuchungen heute auch vorzustellen, ist fehlgeschlagen, weil einige maschinelle Störungen den Zeitplan verzögert haben.

Aber auch an den vorgelegten Ergebnissen erkennt man, daß die Entwicklung des Überschallverdichters durch die Ergebnisse der heute hoch entwickelten Gasdynamik stark beeinflußt worden ist.

Daß sich alle, die an dieser Entwicklung gearbeitet haben, schwertun, liegt wohl auch daran, daß in der Natur kein Vorbild für die Energiezufuhr an ein Fluid durch rotierende Bewegung zu finden ist.

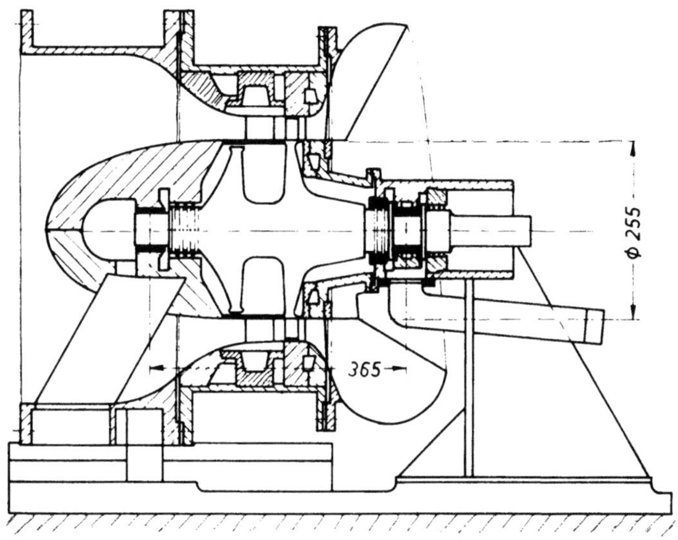

Abb. 1: Überschallverdichter von A. Weise

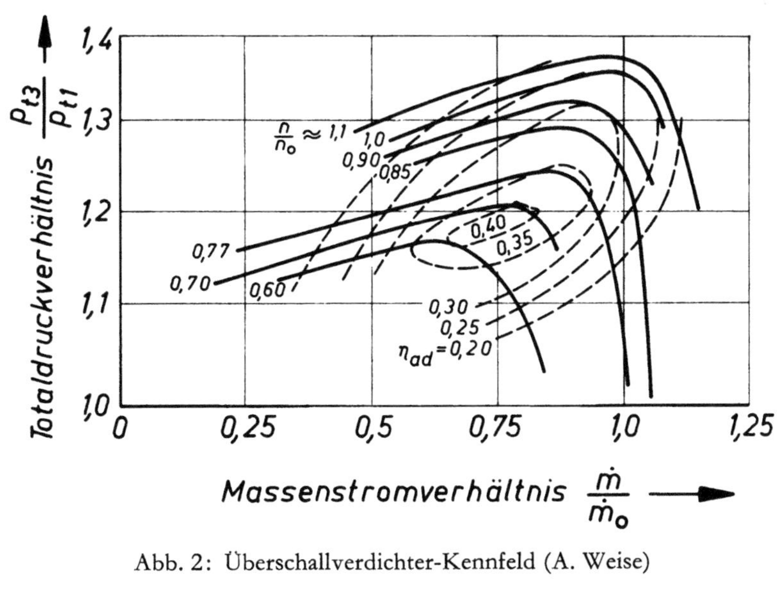

Abb. 2: Überschallverdichter-Kennfeld (A. Weise)

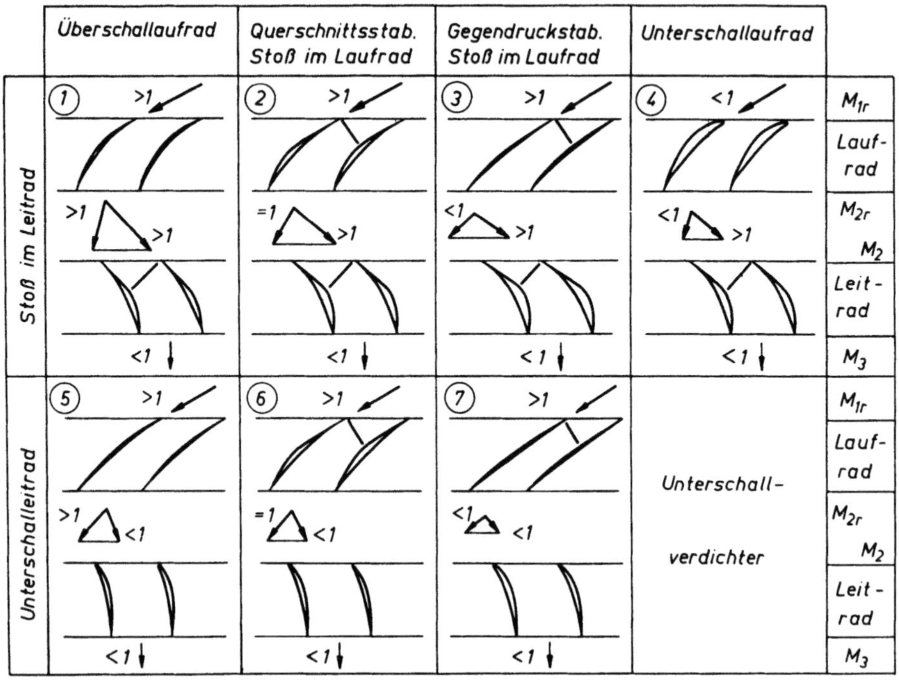

Abb. 3: Überschallverdichterstufen

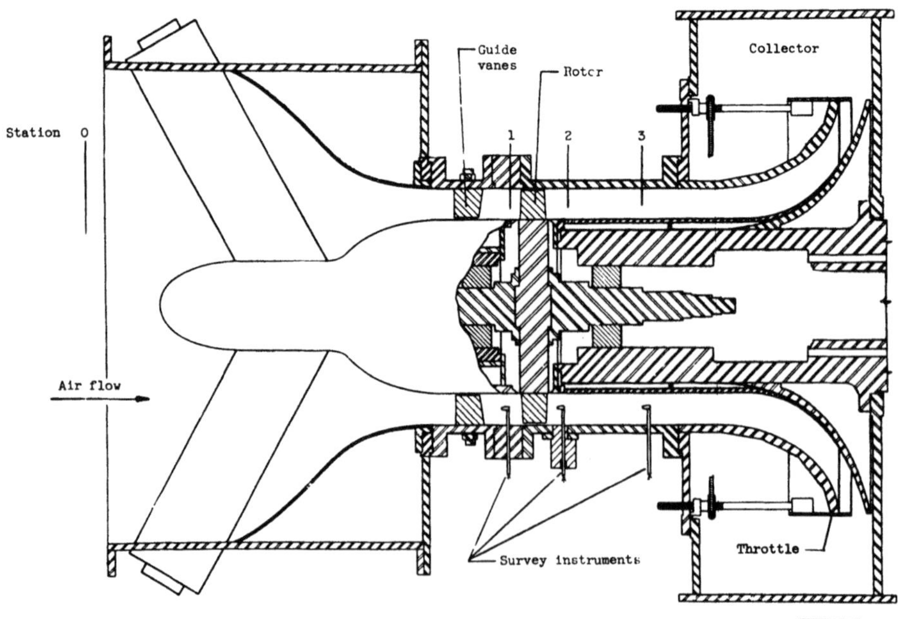

Abb. 4: Überschallverdichter-Prüfstand (NACA)

Abb. 5: Überschallverdichter-Laufrad (shock-in-rotor type)

Abb. 6: Überschallverdichter-Laufrad (impulse type)

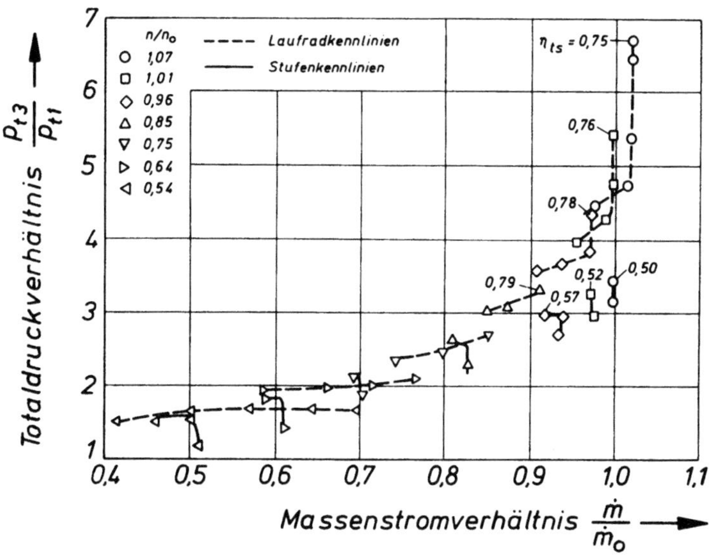

Abb. 7: Überschallverdichter-Kennfeld (NACA)

Energiesatz (kompressibel):

$$h_t = h + \frac{c^2}{2}$$

$$c_p \cdot T_t = c_p \cdot T + \frac{c^2}{2}$$

$$c_p = \frac{k}{k-1} \cdot R$$

$$\frac{T_t}{T} = 1 + \frac{k-1}{2} M^2$$

$$\frac{p_t}{p} = \left[1 + \frac{k-1}{2} M^2\right]^{\frac{k}{k-1}}$$

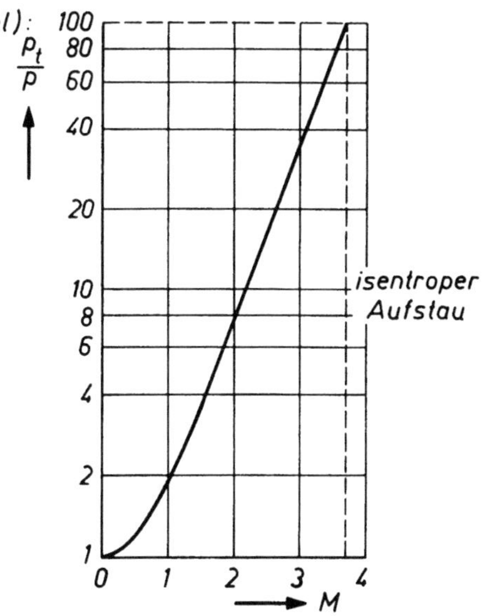

Abb. 8: Druckverhältnis p_t/p bei isentropem Aufstau

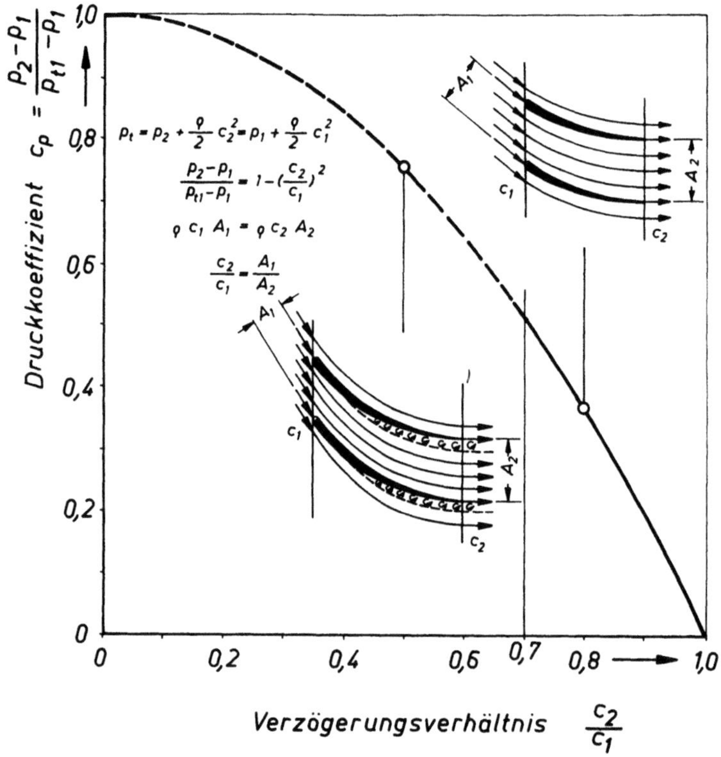

Abb. 9: Inkompressible Gitterströmung

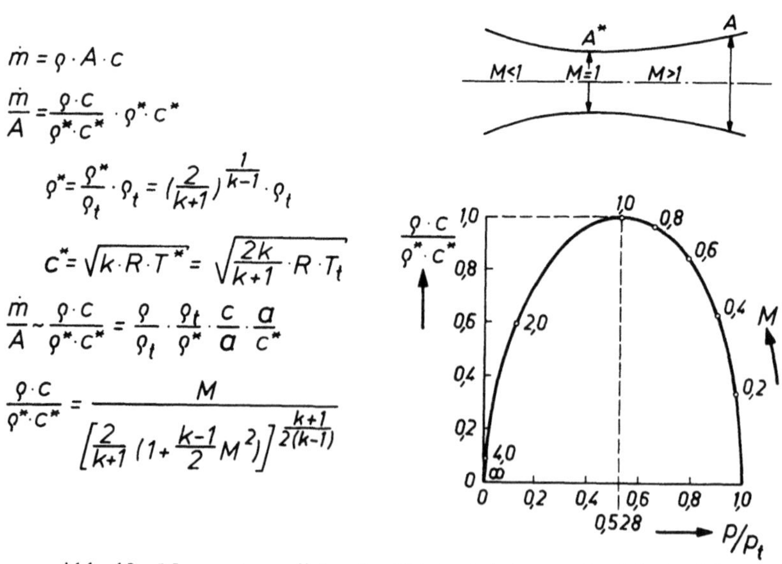

Abb. 10: Massenstromdichte in Abhängigkeit von der Machzahl

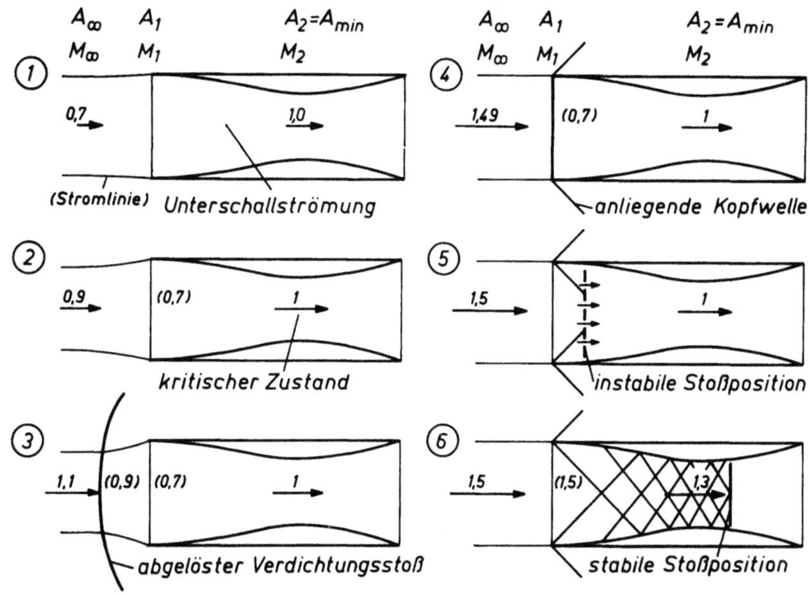

Abb. 11: Startvorgang

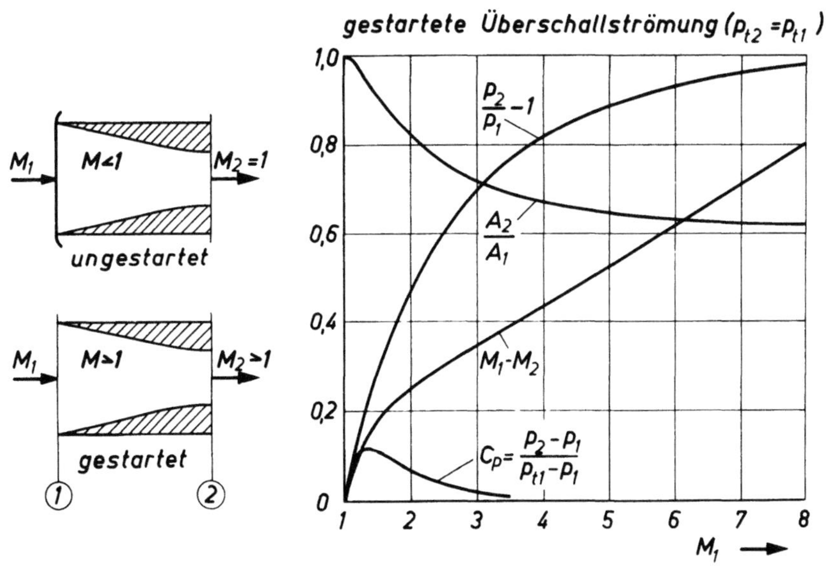

Abb. 12: Überschallstartbedingung

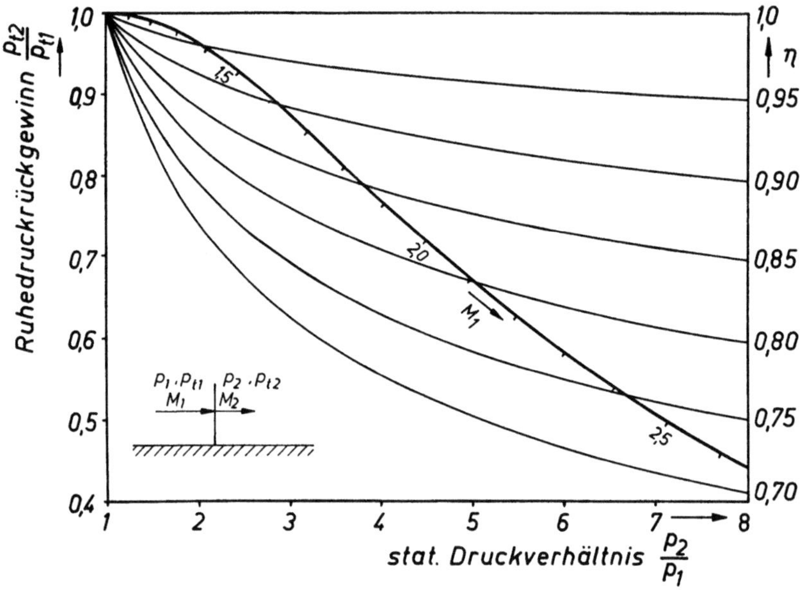

Abb. 13: Verdichtungsstoß

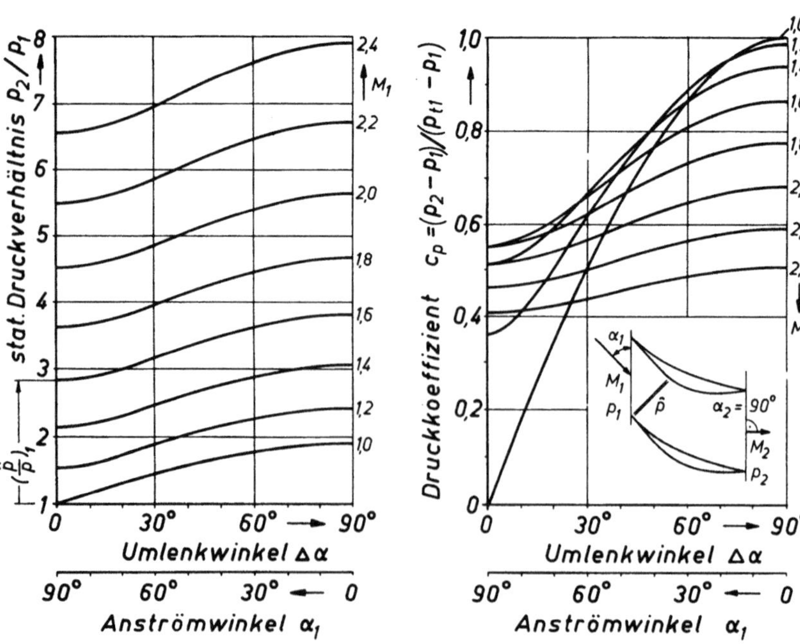

Abb. 14: Verdichtungsstoß mit isentroper Unterschallverzögerung

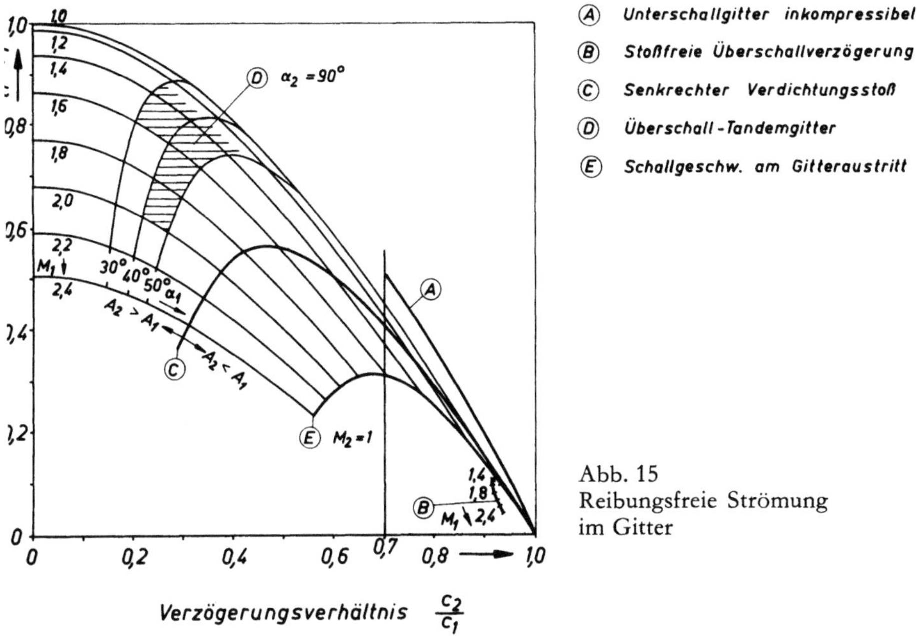

Abb. 15
Reibungsfreie Strömung
im Gitter

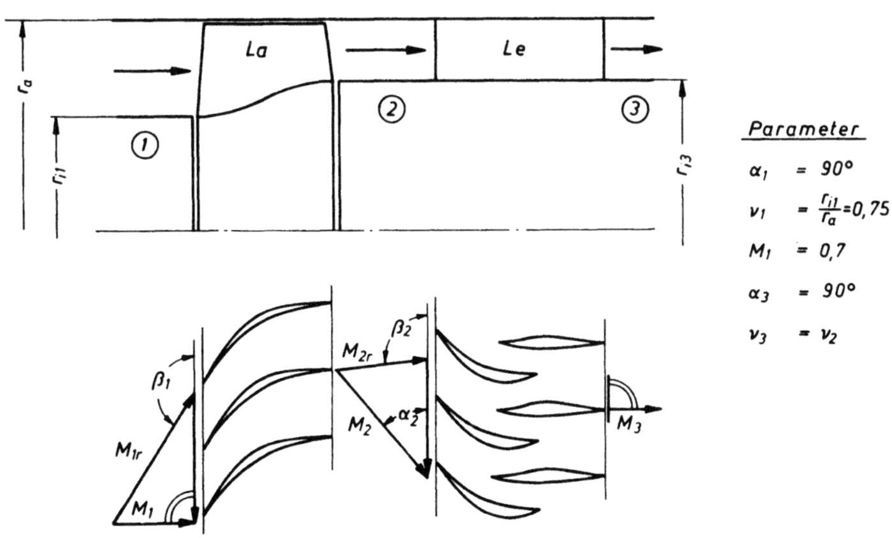

Abb. 16: Idealisierte Überschall-Axialverdichterstufe

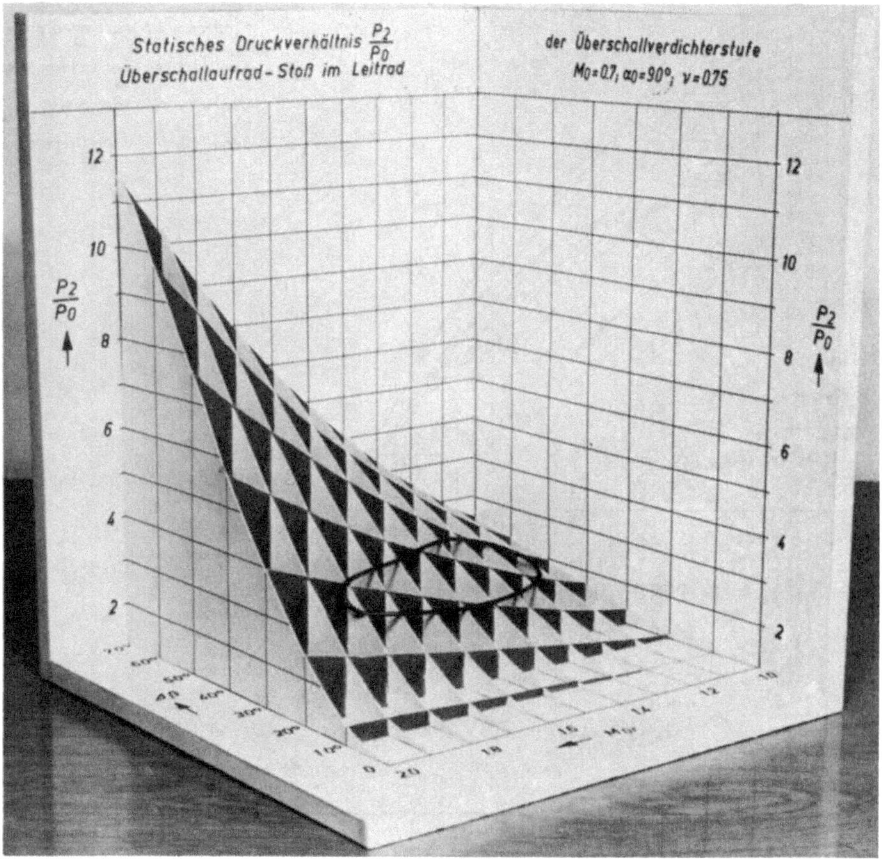

Abb. 17: Statisches Druckverhältnis der Überschall-Axialverdichterstufe

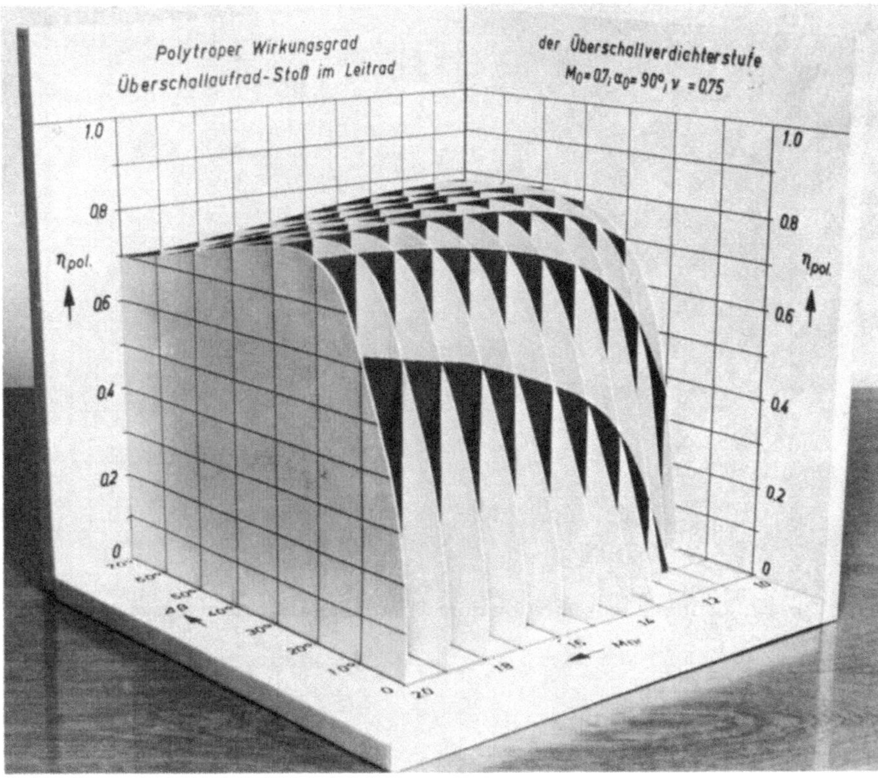

Abb. 18: Polytroper Wirkungsgrad der Überschall-Axialverdichterstufe

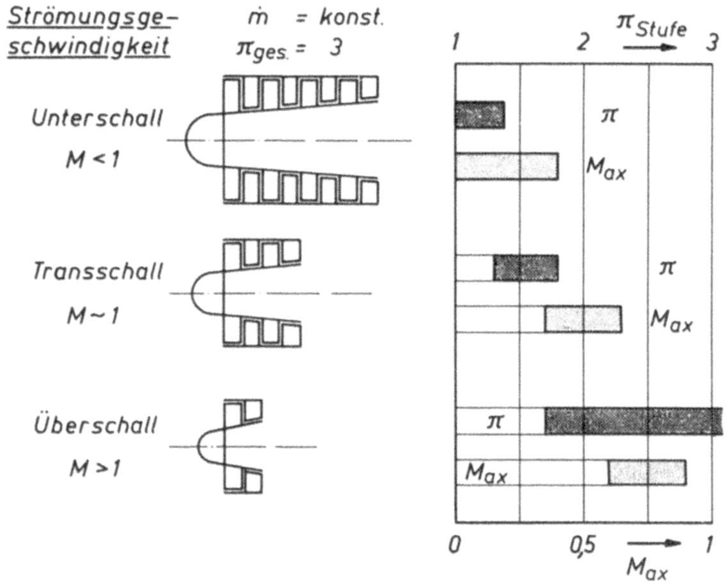

Abb. 19: Leistungskonzentration durch Erhöhung der Strömungsgeschwindigkeiten

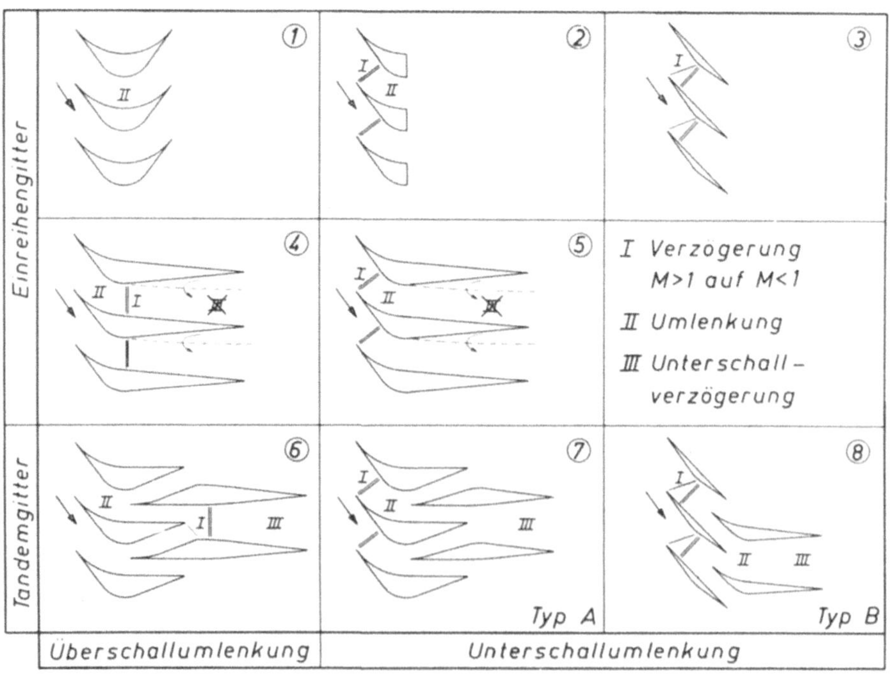

Abb. 20: Ebene Überschallgitter

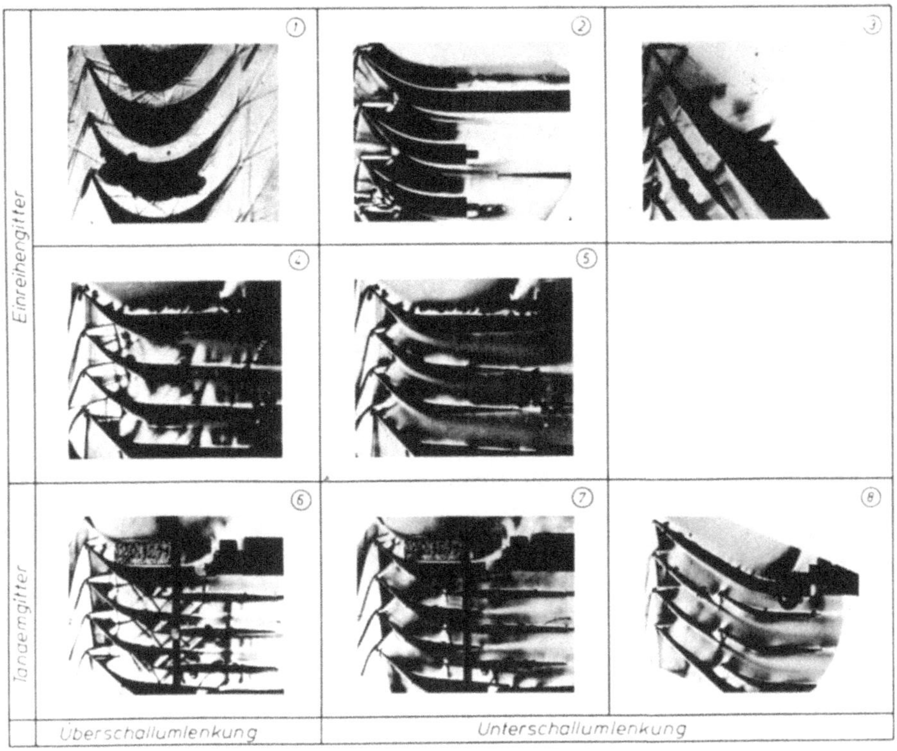

Abb. 21: Ebene Überschallgitter

Abb. 22: Überschallgitter-Prüfstand

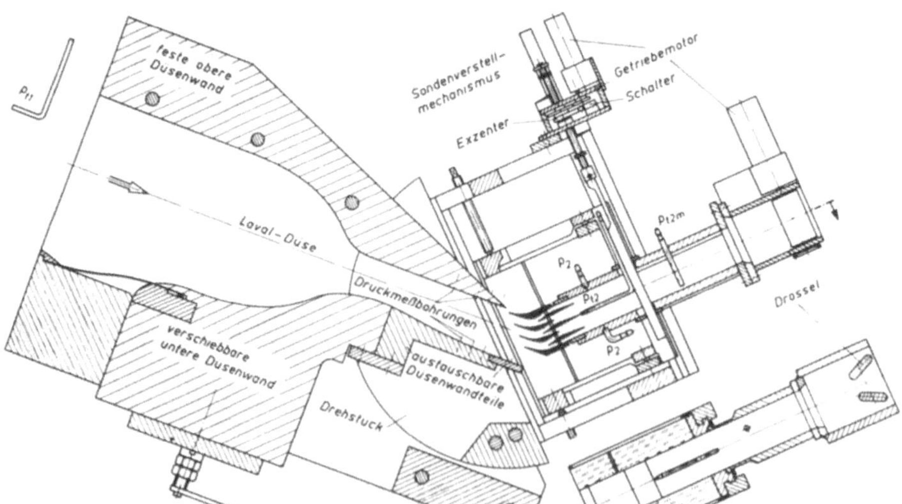

Abb. 23: Meßstrecke

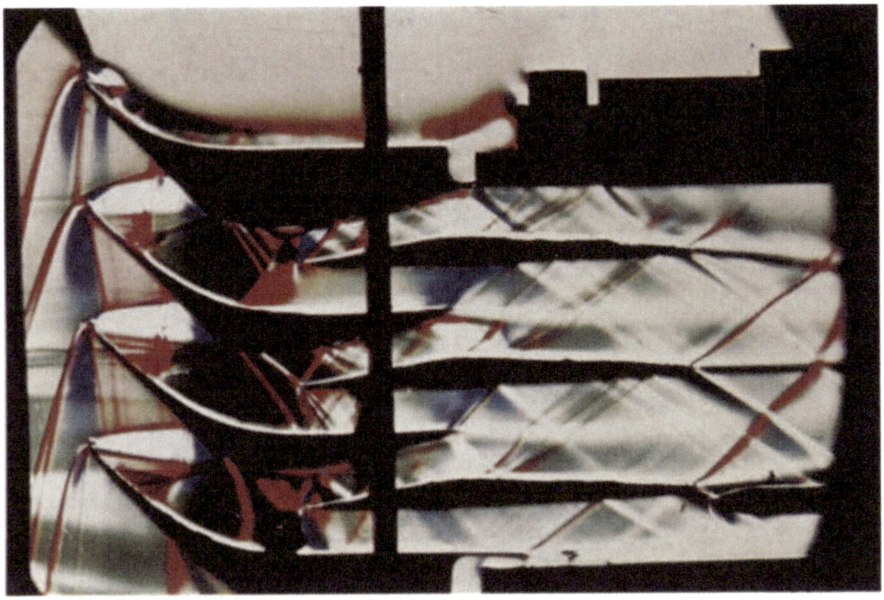

Abb. 24: Überschallverzögerungsgitter (ungedrosselte Strömung)

Abb. 25: Überschallverzögerungsgitter (schwach gedrosselte Strömung)

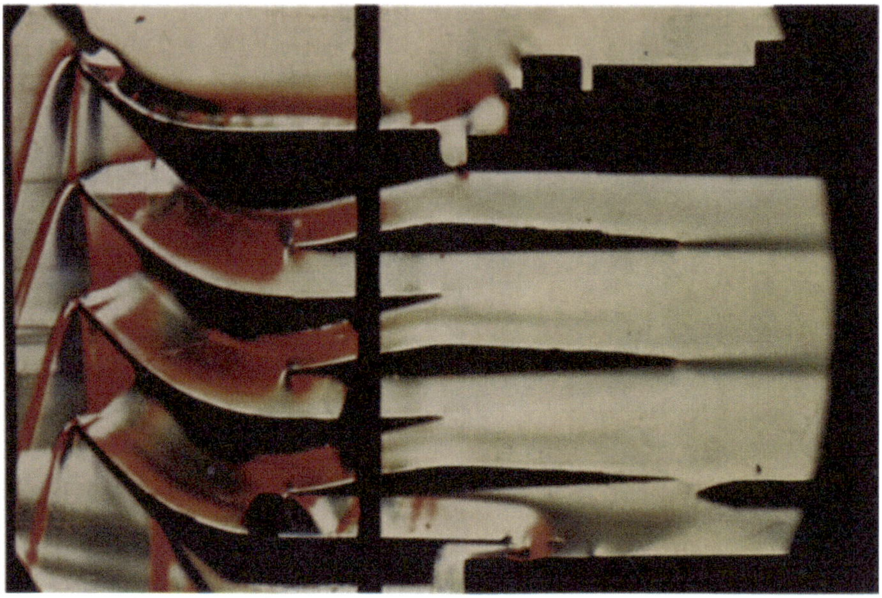

Abb. 26: Überschallverzögerungsgitter (stark gedrosselte Strömung)

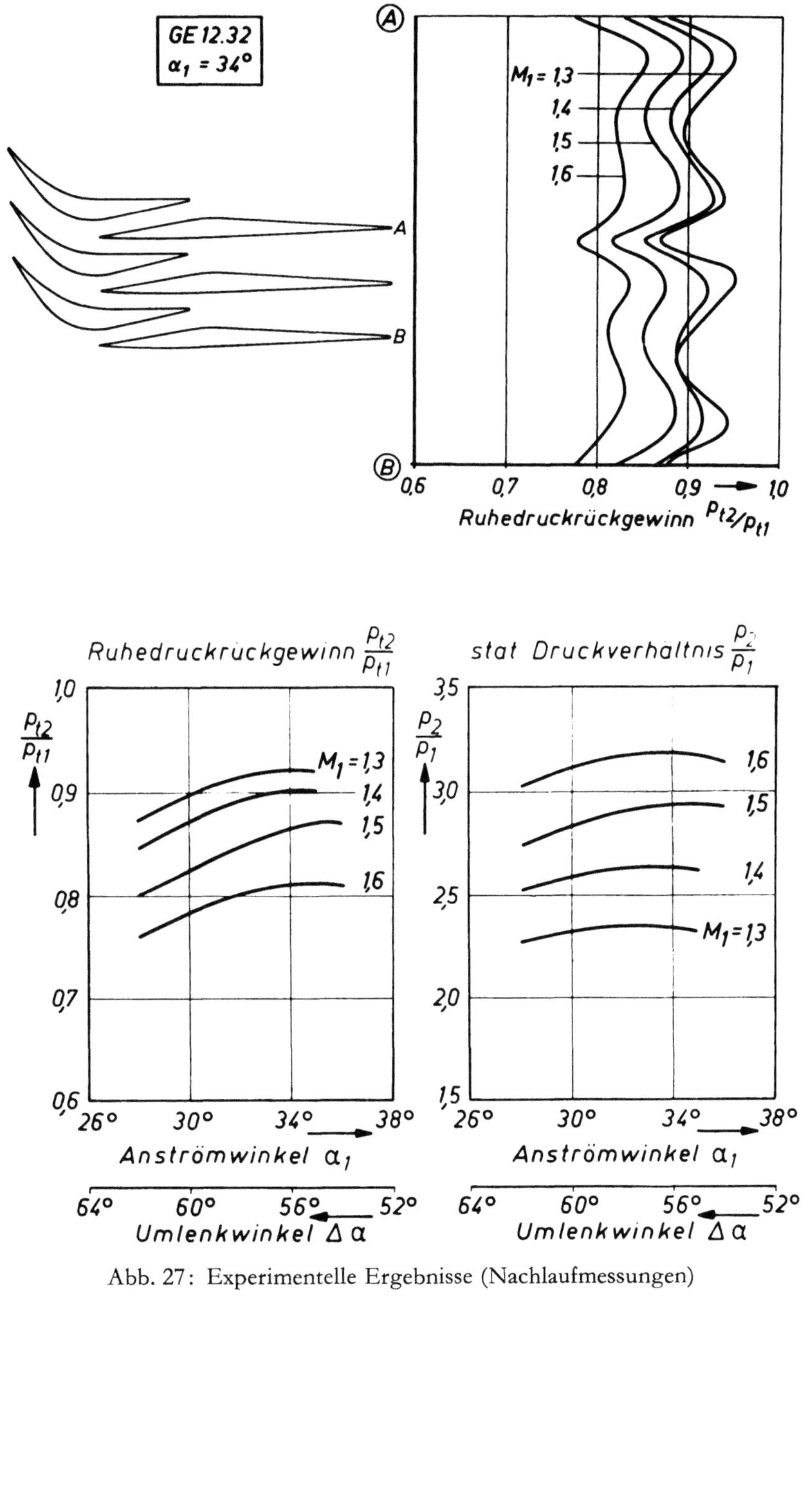

Abb. 27: Experimentelle Ergebnisse (Nachlaufmessungen)

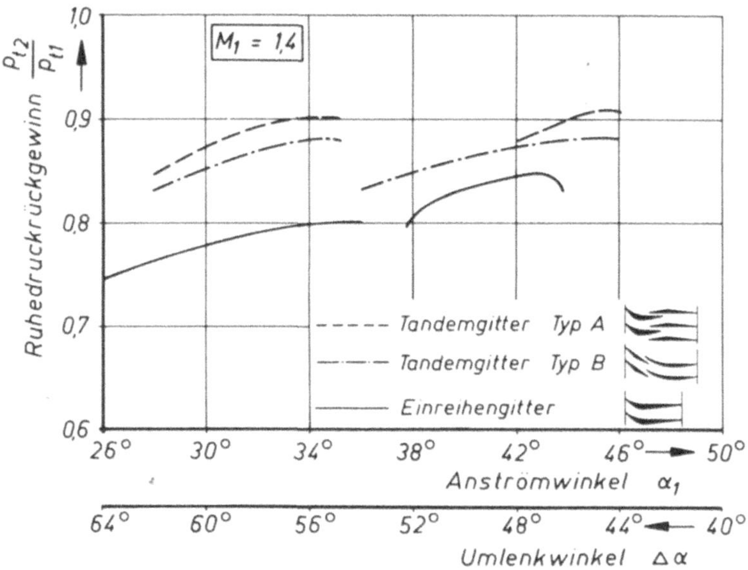

Abb. 28: Stark umlenkende Überschallverzögerungsgitter

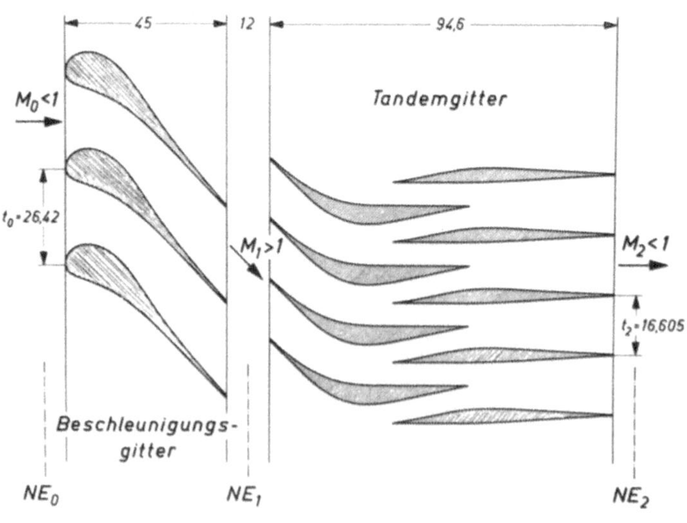

Abb. 29: Versuchsbeschaufelung des Axialgitterkanals

Abb. 30: Verspiegelte Nabe mit Beschaufelung

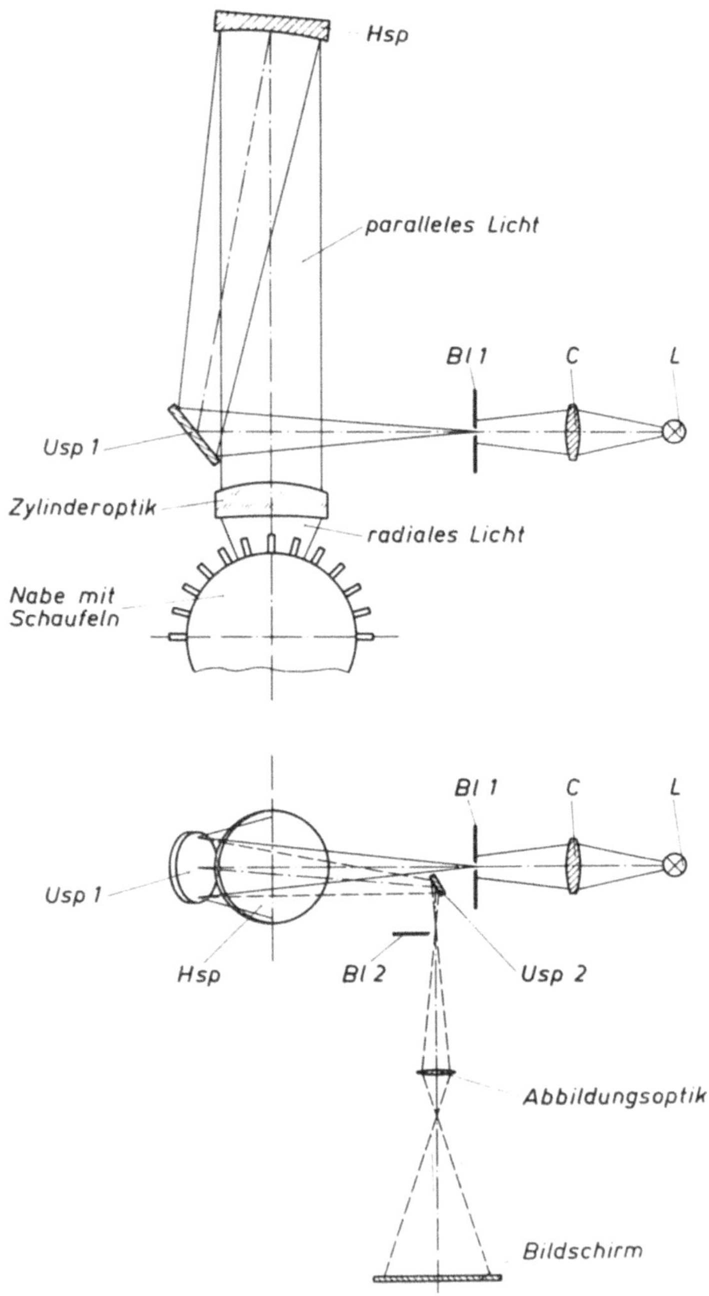

Abb. 31: Schema der schlierenoptischen Einrichtung

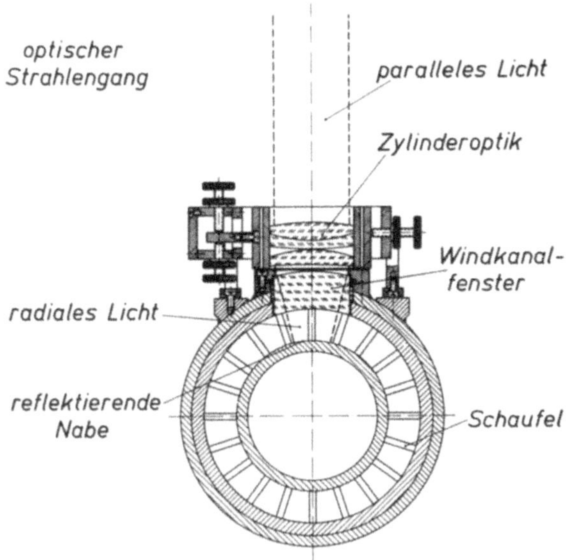

Abb. 32: Optischer Strahlengang

Abb. 33: Überschall-Axialgitter-Prüfstand

Abb. 34: Überschall-Axialgitter (ungedrosselte Strömung)

Abb. 35: Überschall-Axialgitter (gedrosselte Strömung)

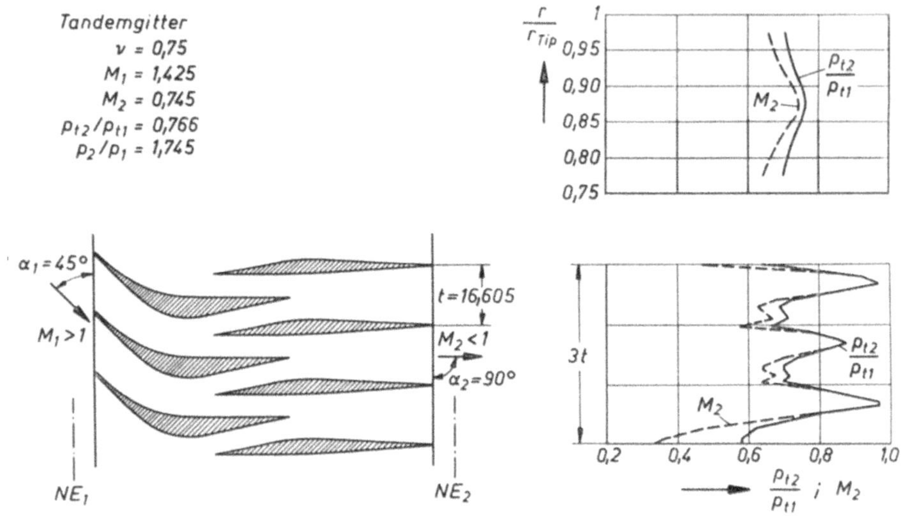

Abb. 36: Überschall-Axialgitter (Nachlaufmessungen)

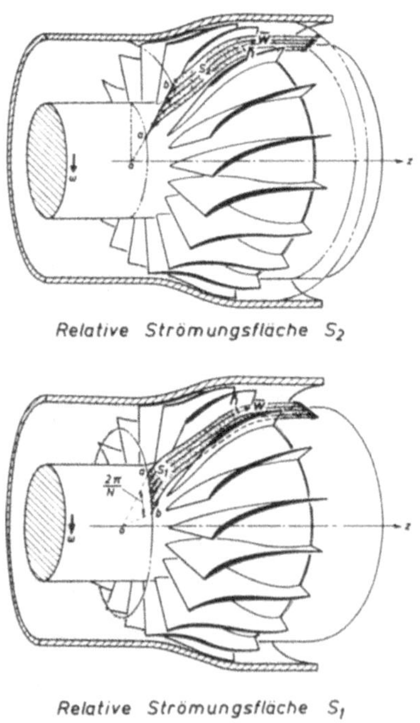

Abb. 37
Relative Strömungsflächen S_1 und S_2

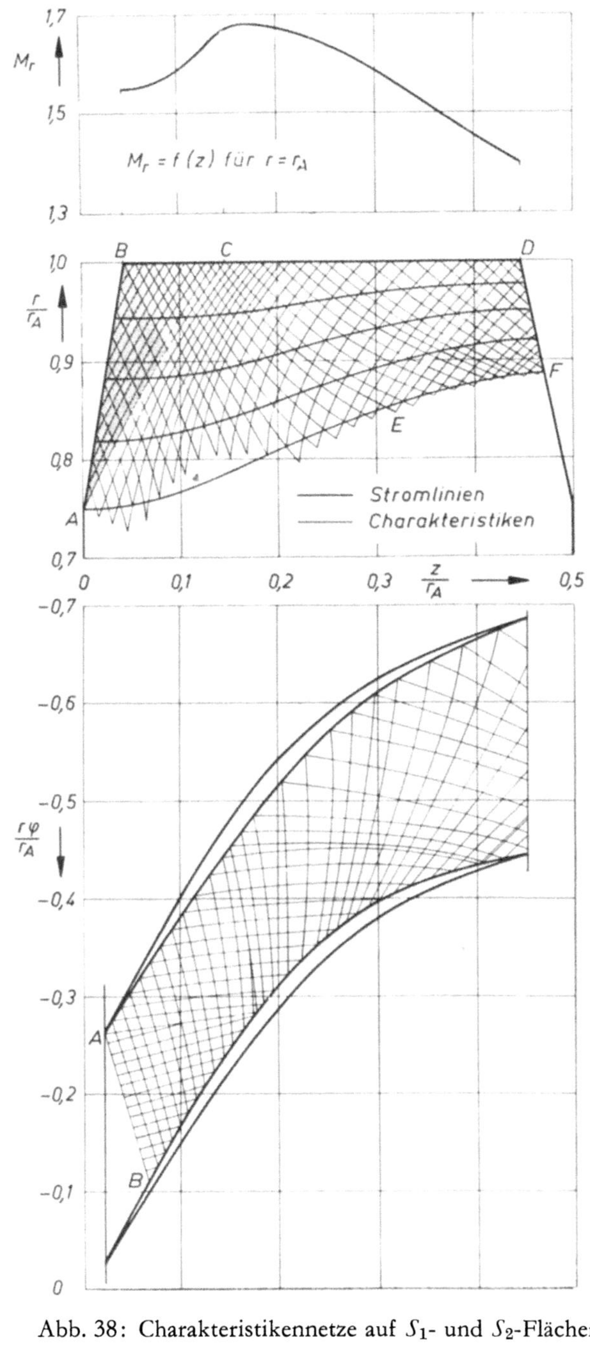

Abb. 38: Charakteristikennetze auf S_1- und S_2-Flächen

Abb. 39: Überschallverdichter-Laufrad

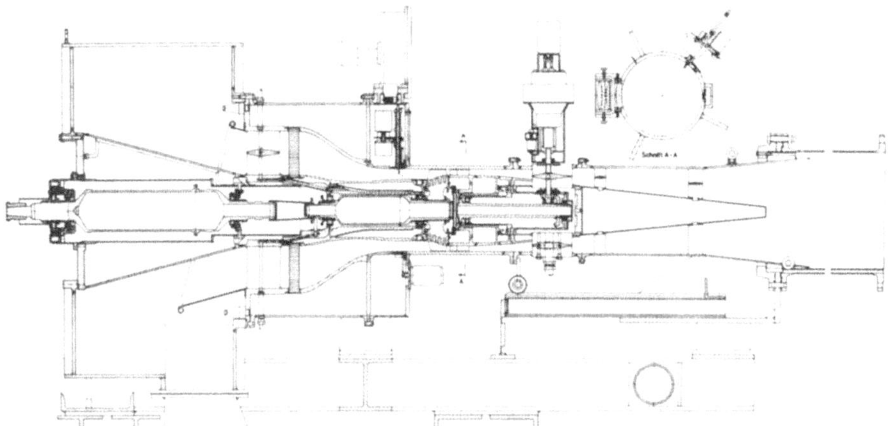

Abb. 40: Überschallverdichter

Abb. 41: Überschallverdichter-Prüfstand

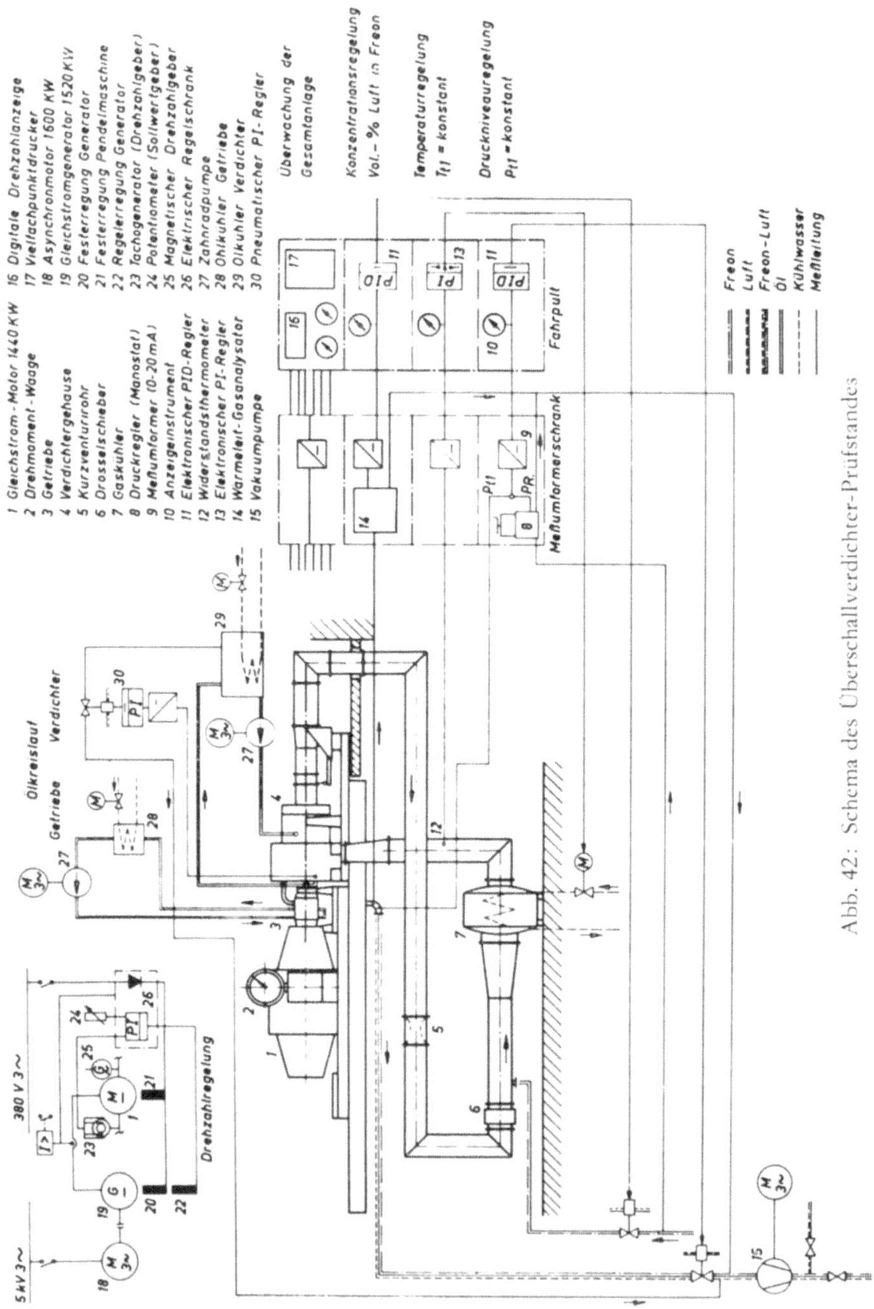

Abb. 42: Schema des Überschallverdichter-Prüfstandes

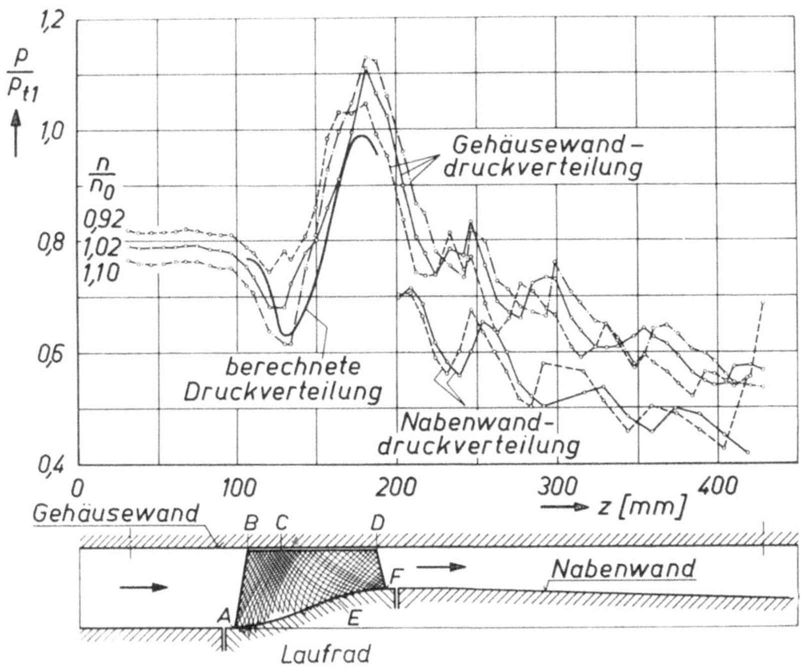

Abb. 43: Druckverteilung an Naben- und Gehäusewand (ungedrosselte Strömung)

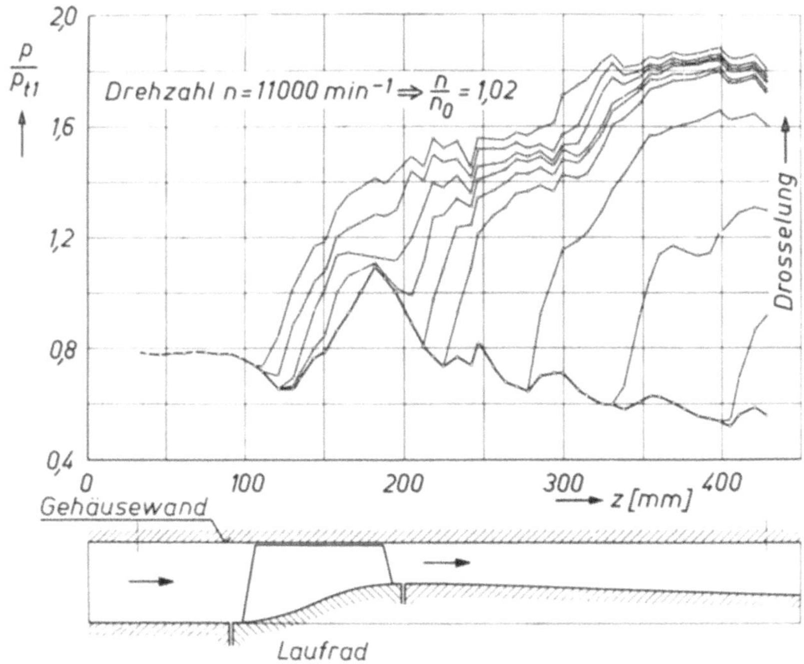

Abb. 44: Druckverteilung an der Gehäusewand (gedrosselte Strömung)

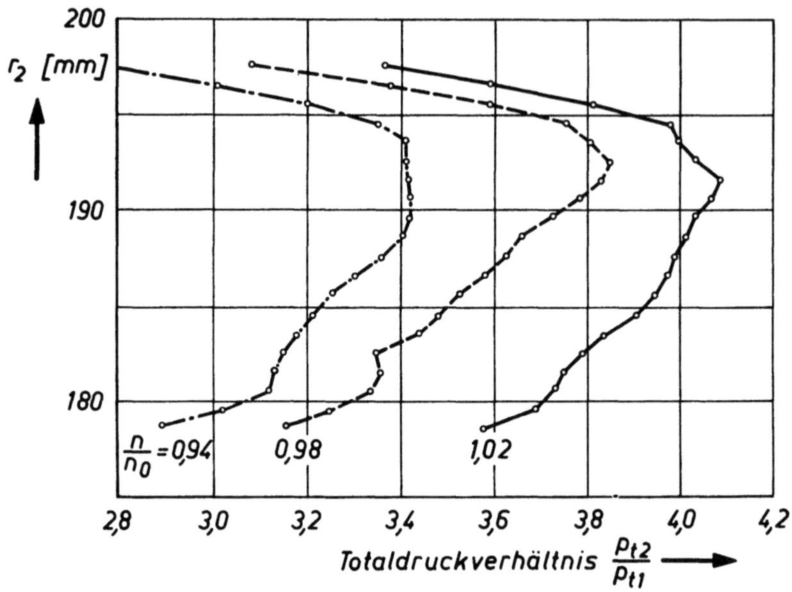

Abb. 45: Totaldruckverhältnis des Überschallverdichter-Laufrads

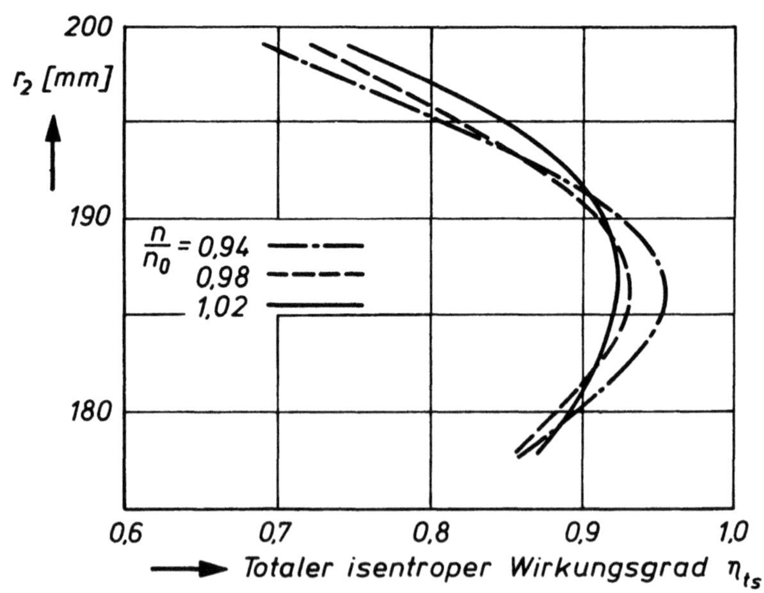

Abb. 46: Totaler isentroper Wirkungsgrad des Überschallverdichter-Laufrads

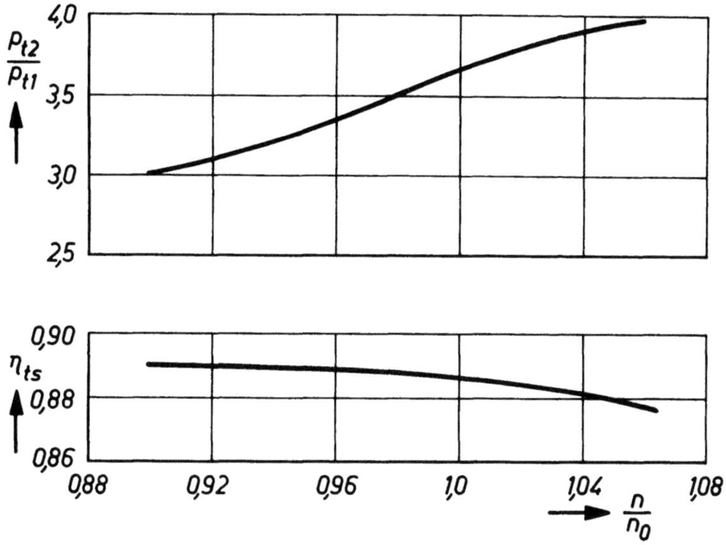

Abb. 47: Totaldruckverhältnis und Wirkungsgrad des Überschallverdichter-Laufrads

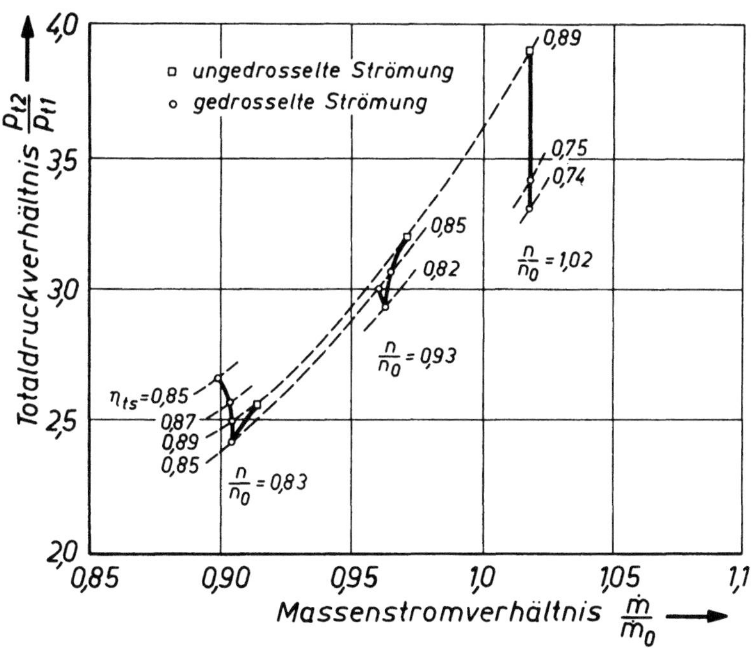

Abb. 48: Kennfeld des Überschallverdichter-Laufrads

Verfahrenstechnische Entwicklungen der Schweißtechnik und ihre Bedeutung für die industrielle Fertigung

Von *Friedrich Eichhorn*, Aachen

Nahezu alle technischen Konstruktionen von Maschinen, Apparaten und Gebrauchsgegenständen werden aus einzelnen Bauteilen hergestellt, die in geeigneter Weise zum Fertigerzeugnis verbunden werden. Unter den kraftschlüssigen Verbindungsarten besitzt das Stoffverbinden von Metallen mit einer Vielzahl von Verfahren der Schweißtechnik eine besondere Bedeutung. Dabei werden die Grenzflächen der zu verbindenden Fügeteile aufgelöst und so eine feste, metallische Bindung erzielt. Im Gegensatz dazu bleiben bei mechanischen Verbindungen durch Schrauben, Nieten oder durch Reibungsschluß sowie beim Kleben die ursprünglichen Fügeteiloberflächen erhalten. Beim Metallkleben kommt eine form- und kraftschlüssige Verbindung nur über ein völlig andersartiges, nichtmetallisches Bindemittel zwischen den Grenzflächen der Fügeteile zustande. Sollen beim Schweißen von artgleichen oder artähnlichen metallischen Werkstoffen die Grenzflächen der Fügeteile verschwinden, so müssen hierzu zwei Forderungen erfüllt werden:

1. Entfernung der festen, flüssigen oder gasförmigen Oberflächenbeläge und
2. Annäherung der Grenzflächen auf Gitterabstand in möglichst ausgedehnten Bezirken.

Am einfachsten sind diese Voraussetzungen zu verwirklichen, wenn man die Grenzflächen bis in den Schmelzfluß erhitzt. Durch das Verschmelzen der Fügeteile werden nicht nur zwangsläufig deren Oberflächen an der Verbindungsstelle aufgelöst, sondern mit ihnen auch die ursprünglichen Oberflächenbeläge. Letztere werden teils mit, teils ohne chemische Reaktionen entweder durch den Auftrieb aus dem Metallbad entfernt oder in verteilter Form vom Schmelzbad aufgenommen. So einfach auf diese Weise der Bindeprozeß gestaltet werden kann, so differenziert und vielfältig sind hierbei die Gefügebeeinflussung des Werkstoffes durch die örtliche Wärmeeinwirkung sowie die hieraus und aus dem induzierten Eigenspannungszustand infolge Schrumpfungsbehinderung resultierenden Eigenschaftsänderungen der Schweißverbindung. Damit ergibt sich für den Schmelzschweißprozeß eine starke Werkstoffabhängigkeit, die bei anderen Fertigungsverfahren nicht in diesem Ausmaß vorhanden ist. Gegenüber der Werkstoffherstellung und der Gießtechnik sind beim *Schmelzschweißen* die Schweißbäder relativ klein und in der Regel von wesentlich kälterem, festem Werkstoff umgeben, so daß sich infolge der hohen Erwärmungs-, Erstarrungs- und Abkühlgeschwindigkeiten keine thermodynamischen Gleichgewichtszustände im Werkstoff einstellen. Außerdem ist die freie Schrumpfung bei der Erstarrung und Abkühlung oft in mehreren Hauptrichtungen stark behindert, wodurch sich eine erhebliche Beanspruchung der Verbindung allein durch die Eigenspannungen ergeben kann. Auch die Verformungsfähigkeit eines bei einachsiger Beanspruchung duktilen Werkstoffs kann durch dreiaxialen Zug sehr vermindert werden, wodurch zusammen mit einer Werkstoffversprödung z. B. bei Stählen durch örtliche Aufhärtungen oder durch Wasserstoff die Sprödbruchneigung des Bauteils erhöht werden kann.

Trotz dieser Besonderheiten wird heute mit wenigen Ausnahmen das Schweißen in der schmelzflüssigen Phase vorgenommen. Die hierbei auftretenden Werkstoff- und Spannungsprobleme können meist durch Wahl eines geeigneten Schweißverfahrens, einer zweckmäßigen Nahtvorbereitung, guter Schweißbedingungen sowie einer entsprechenden Vor- und Nachbehandlung des Werkstoffs beherrscht werden. Abb. 1 soll an Hand von Abkühlungskurven bei verschiedenen Schmelzschweißverfahren und Verfahrensbedingungen die möglichen, sehr unterschiedlichen Gefügeausbildungen für einen Massen-Baustahl mit $\sigma_{0,2} = 30$ kp/mm² Streckgrenze erkennen lassen.

Beim *Kaltpreßschweißen* im festen Zustand verzichtet man völlig auf eine Wärmeeinwirkung auf die Gefügeteiloberflächen. Dabei entfallen zwar die geschilderten Schwierigkeiten infolge der örtlichen Wärmeeinwirkung beim Schmelzschweißen, dafür ist jedoch der Bindeprozeß erheblich erschwert. Die Geometrie technischer Oberflächen kann durch deren makroskopische Welligkeit und durch die mikroskopische Rauhigkeit gekennzeichnet werden. Bei Annäherung der beiden Grenzflächen berühren sich daher in der Regel nur wenige Stellen mit geringer Kontaktfläche. Man muß daher die mechanischen Kontaktzonen durch Einebnung der Oberflächen vergrößern. Bei genügend großer, örtlicher Druckspannung werden die Berührungsstellen durch plastische Deformation vergrößert. Um jedoch geschlossene Deckschichten auf den Grenzflächen aufzureißen und gleichzeitig die Oberflächen zu aktivieren, müssen diese auf etwa 160% oder mehr vergrößert werden. In der Regel verbindet man daher den Schweißprozeß mit einem Umformvorgang, wie z. B. dem Fließpressen oder dem Walzplattieren.

Die Platzwechselvorgänge über die ursprünglichen Grenzflächen hinweg werden erleichtert und beschleunigt, wenn eine thermische Aktivierung durch eine Temperatursteigerung der Fügeteile erfolgen kann. Da hierbei jedoch chemische Reaktionen mit der umgebenden Atmosphäre vor allem durch Oxydation begünstigt werden, feste Oberflächenbeläge in Form von Oxiden jedoch schwer zu entfernen sind, schützt man die Umgebung der Schweißstelle durch inerte Gase oder besser durch Evakuieren. Beim Arbeiten in einer Vakuumkammer wird ferner die Belegung der Oberflächen durch Flüssigkeits- oder Gasteilchen weitgehend verhindert. Derartige Möglichkeiten werden z. B. seit kurzer Zeit beim sogenannten *Diffusionsschweißen* genutzt. Das Verfahren eignet sich vor allem für Werkstoffkombinationen, bei denen ein Schmelzfluß wegen der Bildung spröder, intermetallischer Phasen vermieden werden muß, ferner für großflächige Schweißverbindungen sowie für Werkstoffe, die nur geringe Maßänderungen durch den Bindevorgang erfahren sollen. Nachteilig ist beim *Diffusionsschweißen* jedoch der große apparative Aufwand für die Schutzgas- bzw. Vakuumkammer und für die Erwärmungseinrichtung besonders bei großen Werkstückteilen. Erschwerend sind auch die gegenüber anderen Verfahren vergleichsweise langen Schweißzeiten und die notwendige, sorgfältige Bearbeitung und Vorbehandlung der Fügeflächen.

Die rasche Entwicklung schweißtechnischer Fertigungsverfahren in den letzten 20 Jahren, deren Tempo sich noch nicht verlangsamt hat, ist vor allem durch vier Gesichtspunkte gekennzeichnet:

1. Gegenüber den konventionellen Energiequellen – der Gasflamme und dem elektrischen Lichtbogen – ist man bestrebt, die Wärme an den Fügeflächen schneller und konzentrierter einzubringen, um die Wärmebeeinflussung des Grundwerkstoffes auf ein Minimum zu reduzieren und gleichzeitig die Wirtschaftlichkeit der Verfahren durch einen besseren Wärmewirkungsgrad und damit eine höhere Schweißgeschwindigkeit zu verbessern. Unnötig hohe Wärmeverluste durch Wärmeleitung in den Grundwerkstoff führen außerdem zu einem größeren Verzug der Bauteile beim Abkühlen der Verbindung und erschweren somit deren Maßhaltigkeit. Hinsichtlich der Art und Höhe des Eigenspannungszustandes ist allerdings eine umgekehrte Tendenz zu erwarten. Nach Möglichkeit ist eine gleichzeitige Verbindung des Bauteils über seine gesamte Dicke in einem Schweißvorgang anzustreben. Damit können unerwünschte Formänderungen durch Winkelschrumpfung sowie hohe Eigenspannungen durch Schrumpfungsbehinderung wenigstens in Dicken- und in Querrichtung auf ein Mindestmaß reduziert werden. Beispiele für Verfahrensentwicklungen unter diesem

Aspekt sind vor allem das *Reibschweißen* sowie bei den Schmelzschweißverfahren das Schweißen mit Strahlen kleinen Durchmessers und hoher Leistungsdichte, vor allem mit dem *Plasmastrahl*, dem *Elektronenstrahl* und neuerdings dem *Laserstrahl*. Auf diese neueren Verfahren soll nachstehend näher eingegangen werden.

2. Starke Impulse hat die Entwicklung der Schweißtechnik ferner durch eine Reihe neuer Verbindungs- und Beschichtungsaufgaben erfahren. Diese reichen von der Mikroschweißtechnik zum Kontaktieren von Halbleiterelementen und miniaturisierten Schaltungen in der Elektronikindustrie bis zum Schweißen dickwandiger Gefäße mit Wandstärken über 500 mm beispielsweise für Kernreaktordruckbehälter. Abb. 2 vermittelt einen Eindruck von den Verbindungsaufgaben an einer integrierten Halbleiterschaltung, wo Zuleitungen mit einer Vielzahl von haarfeinen Golddrähten von etwa 25 μm $\varnothing$ an die zugehörigen Halbleiterelemente mit Hilfe des *Thermokompressionsschweißens* angeschlossen werden. Eine Einzelkontaktierung eines 50 nm dicken Aluminiumdrahtes mit Hilfe des *Mikroultraschallschweißens* ist in Abb. 3 dargestellt. Am Beispiel einer Drahtgewebeverbindung (Abb. 4) eines Siebs für die Papierindustrie aus 0,2 mm dicken Chromnickelstahldrähten soll gezeigt werden, daß heute für dünne Bauteile auch reine Schmelzschweißungen, z. B. mit dem *Mikroplasmaschweißen* möglich sind. Große Stahlblechquerschnitte werden heute vielfach mit Hilfe des wirtschaftlichen *Elektroschlackeschweißens* in senkrechter Position der Fügeteile von unten nach oben fortschreitend in einem Durchgang verbunden (Abb. 5).

3. In starkem Maße haben schließlich neuere Werkstoffe die Entwicklung der Schweißverfahren beeinflußt. Dabei ist eine Wechselwirkung zu beobachten. So wurde schon vor langer Zeit bei den Massenbaustählen deren Kohlenstoffgehalt mit Rücksicht auf die Schweißeignung beim Schmelzschweißen nach oben auf 0,2% begrenzt. Höhere Festigkeiten werden durch erhöhte Gehalte an Mangan, Silizium und anderen Begleitelementen erreicht. Besondere Sorgfalt beim Schweißen erfordern z. B. die neueren wasservergüteten, hochfesten Baustähle mit Streckgrenzen zwischen 50 und 100 kp/mm^2. Hierbei müssen Wärmeleistung und Schweißgeschwindigkeit so aufeinander abgestimmt werden, daß das Temperaturfeld beim Schweißen und seine zeitliche Veränderung die Schlagzähigkeit der Verbindung und ihre statische Festigkeit nicht ungünstig beeinflussen. Man muß sich daher mit dem Verfahren und insbesondere mit den Schweißbedingungen den Besonderheiten dieses Werkstoffes anpassen. Bei kaltverfestigten sowie bei

ausgehärteten Aluminiumlegierungen muß besonders die Erweichung im Wärmeeinflußbereich der Schweißung beachtet werden. Ist dies nicht tragbar, so müssen für aushärtbare Werkstoffe entweder die Konstruktionen nach dem Schweißen insgesamt wärmebehandelt oder selbstaushärtende Legierungen des Typs AlZnMg verwendet werden. Letztere gewinnen nach dem Schweißen allein durch Lagerung ihre Festigkeit nahezu ganz zurück. Das Schweißen von Titan und seinen Legierungen mit Hilfe der Schutzgasschweißung erfordert z. B. wegen der Gasempfindlichkeit dieser Werkstoffe eine besondere reine Schutzgasatmosphäre, die auch noch bis zu Abkühltemperaturen um 500° einen wirksamen Schutz vor Einwirkungen der Umgebungsluft bietet, oder Schweißungen im Vakuum.

Diese wenigen Beispiele sollen die starke Werkstoffabhängigkeit der Schweißtechnik deutlich machen, die für die Erforschung und Entwicklung neuer Werkstoffe und neuer Stoffverbindungstechnologien zahlreiche Probleme stellt. Dabei sind bei neuen Werkstoffen einerseits die Anpassung der Schweißverfahren an die besonderen Erfordernisse des Werkstoffs sowie umgekehrt die Möglichkeiten schweißtechnischer Weiterverarbeitung besonders zu berücksichtigen.

4. Wie bei anderen Fertigungstechnologien durch Gießen, Umformen oder abtragende Bearbeitung des Werkstoffes ist auch das Schweißen als wichtiges Glied in der Kette der Werkstoffbearbeitung vom Rohmaterial zum Fertigerzeugnis dem Zwang zur Mechanisierung bis hin zur völligen Automatisierung unterworfen. Hierfür gibt es eine Reihe guter und teilweise spezifischer Gründe, nämlich:

a) Der Mangel an fachlich besonders geschultem Personal sowie der schnelle Anstieg der Lohnkosten, die auch bei hohen Investitionsaufwendungen die Mechanisierungstendenz begünstigen.
b) Die Leistungssteigerung durch erhöhte Wärmeleistung besonders bei mechanisierten Lichtbogen-Verfahren mit abschmelzender Elektrode oder durch extrem hohe Leistungsdichte beim *Plasma-*, *Elektronenstrahl-* oder *Laser-*Verfahren. Allerdings sollte der Auslastungsgrad der Anlagen unter diesem Gesichtspunkt stets mitberücksichtigt werden.
c) Ein besonderer Anreiz zur Mechanisierung auch der Vorschubbewegung der Schweißeinrichtung ist bei langen und einfachen Nähten gegeben, bei denen der Prozeß kontinuierlich ablaufen kann und man mit Geradführungen oder bei Rundnähten mit Drehvorrichtungen auskommen kann. Andernfalls können in der Einzelfertigung oder für Kleinserien auch teilmechanisierte Verfahren, bei denen das Schweißgerät von

Hand entsprechend dem Fortschritt der Verbindung bewegt wird, mit Erfolg eingesetzt werden.

d) Für die Mengenfertigung ist die Stückzahl gleichartiger Erzeugnisse auch bei kürzeren Nahtlängen entscheidend für den Einsatz einer Schweißmaschine.

e) Bei wechselnden Fertigungsprogrammen können heute in Einzelfällen programmgesteuerte Maschinen für verschiedenartige Verbindungsaufgaben vorgesehen werden unter Ausnutzung der vorhandenen Erfahrungen beim Brennschneiden und im Werkzeugmaschinenbau. Diese erfordern jedoch einen besonders hohen Investitionsaufwand, sind dann aber vielseitig einsetzbar.

f) Ein gerade in der Schweißtechnik nicht zu unterschätzender Vorteil ist die Unabhängigkeit der mechanisierten Verfahren vom Ausbildungsstand des Schweißers und dessen Leistungsvermögen während der Arbeitszeit. Der Fertigungsablauf wird somit unabhängig von menschlichen Unzulänglichkeiten. Andererseits haben vollmechanisierte, programmierte Verfahren den Nachteil einer schlechten Anpassungsfähigkeit. Sie können auf Störungen des Prozeßablaufs nicht reagieren, während der gut geschulte und aufmerksame Schweißer durch regelnden Eingriff in den Verfahrensablauf Fehler vermeiden kann. Bei diesen auf weitgehende Mechanisierung und Rationalisierung gerichteten Gesichtspunkten muß daher stets der Aspekt der Qualitätssicherung mit beachtet werden, der bei der Vielfalt der Störgrößen in der Schweißtechnik eine besondere Rolle spielt.

An zwei Beispielen neuerer Schweißverfahren werden die aufgezeigten Tendenzen besonders deutlich, nämlich beim *Reibschweißen* und beim *Elektronenstrahlschweißen.*

Das *Reibschweißen* ordnet sich besonders gut in den Fertigungsablauf einer Fertigungsstraße ein. Bei diesem Verfahren nutzt man die Wärmewirkung an der Verbindungsstelle aus, die entsteht, wenn man ein in der Regel rotationssymmetrisches Fügeteil in Drehung versetzt und dieses in axialer Richtung mit einem bestimmten Anpreßdruck gegen ein beliebig gestaltetes zweites Fügeteil drückt. Da die Verfahrensbedingungen in weiten Grenzen wählbar sind, kann man sich mit einer universellen Maschine leicht den besonderen Verbindungsaufgaben anpassen und das Temperaturfeld und seine zeitliche Änderung auf den Werkstoff bzw. die gewählte Werkstoffkombination abstimmen. Die Reproduzierbarkeit ist sehr gut, so daß Fehler bzw. Ausschuß praktisch vermieden werden. Der energetische Wirkungsgrad ist gut, weil die Wärme durch Umsetzung mechanischer Energie im

Bereich der Verbindungsstelle entsteht. Die Stirnflächen brauchen nicht planbearbeitet zu sein, die Reibflächen schleifen sich in sehr kurzer Zeit ein, so daß in der Regel kein Schutzgas notwendig wird, um die Luft von der Schweißstelle fernzuhalten. Die Torsionsverformung, unterstützt durch den Axialdruck, bewirkt in den Werkstoffbereichen, die über Rekristallisationstemperatur erhitzt wurden, ein feinkörniges, zähes Gefüge, wie aus Abb. 6 zu erkennen ist. Besonders gut eignet sich das Reibschweißen auch zum Verbinden von Werkstoffkombinationen. Äußerlich ähnelt die Reibschweißeinrichtung einer Drehmaschine. Wird der entstehende Schweißwulst nicht in der Maschine abgearbeitet, so entstehen im Gegensatz z. B. zum *Abbrennstumpfschweißen* keinerlei Abfälle und Maschinenverschmutzungen. Auch Kühlmittel werden nicht benötigt. Mechanisiert man die Fügeteilzufuhr und die Werkstückabfuhr, so kann der Reibverbindungsprozeß voll automatisiert werden. Das saubere Arbeiten bedingt nach Einstellung der Anlage einen über lange Zeiten wartungsfreien Ablauf und macht das Verfahren besonders geeignet zur Fertigung von Serienerzeugnissen, von denen einige beispielhaft in den Abb. 7, 8 und 9 dargestellt werden.

Ein besonders typisches Beispiel bei den neueren Schmelzschweißverfahren ist das *Elektronenstrahlschweißen*. Hiermit läßt sich nicht nur eine hohe Leistungsdichte in der Größenordnung von 1 MW/cm^2, sondern durch den Tiefschweißeffekt gleichzeitig auch eine besondere Art der Wärmeeinbringung erzielen, die in Abb. 10 erläutert wird. Bringt man die Wärme durch den freibrennenden Lichtbogen punktförmig in die Oberfläche eines Werkstücks ein, so breitet diese sich durch Leitung von hier aus im unbegrenzten Werkstück halbkugelig aus. Entsprechend ist auch das Schmelzbad geformt mit einem Verhältnis Breite zu Tiefe von etwa 2 : 1. Der Elektronenstrahl kann dagegen eine Dampfkapillare ausbilden, deren Wände mit schmelzflüssigem Werkstoff bedeckt sind. Die Wärme wird nicht nur über den Brennfleck des Lichtbogens, sondern näherungsweise über einen Zylindermantel über die ganze Blechdicke verteilt auf das Werkstück übertragen. Daraus folgt beim Elektronenstrahlschweißen der Tiefschweißeffekt mit einem Verhältnis von Nahttiefe zu Nahtbreite, das über 50 : 1 betragen kann. Damit sind, wie bei keinem anderen Schweißverfahren, bei relativ kleinen Gesamtleistungen hohe Schweißgeschwindigkeiten und eine äußerst schmale, wärmebeeinflußte Zone im Grundwerkstoff erzielbar. Außerdem ist der Verzug elektronenstrahlgeschweißter Teile extrem gering im Bereich von einigen $^1/_{100}$ mm, so daß schon aus diesem Grunde das Elektronenstrahlschweißen für viele Anwendungen besonders interessant geworden ist. Abb. 11 zeigt ein Beispiel für die Fertigung eines PKW-Getrieberades durch Verbinden des Synchronringes mit dem bearbeiteten

Radkörper. Man sieht auch an einem Beispiel aus der Wälzlagerfertigung (Abb. 12), daß das Elektronenstrahlschweißen das Stadium eines Sonderschweißverfahrens für die Luft- und Raumfahrt überwunden hat und auch für Stahlwerkstoffe in der Mengenfertigung eingesetzt wird, wo die hohen Anschaffungskosten der Anlage vertretbar sind. Ein weiteres Beispiel, bei dem ebenfalls im Teilvakuum bei Drücken von etwa 10^{-2} Torr gearbeitet wird, zeigt Abb. 13. Bei der Fertigung von Bandsägen wird das Trägerband aus einem billigen, 0,8 mm dicken Baustahl mit einem schmalen Schnellstahlband, in das später Sägezähne eingestanzt werden, linienförmig mit dem Elektronenstrahl kontinuierlich verbunden. Man arbeitet mit Schweißgeschwindigkeiten bis zu 15 m/min mit je zwei Einlauf- und Auslaufschleusen im ununterbrochenen Betrieb mindestens über eine 8-Stunden-Schicht, bis ein schneller Wechsel der Bandkathode erforderlich wird (Abb. 14). Durch den hohen Temperaturgradienten senkrecht zur Nahtrichtung und das kleine Schmelzbad bedingt, ist naturgemäß die Abkühlgeschwindigkeit beim Elektronenstrahlschweißen sehr groß. Damit wird bei härteempfindlichen Stählen die kritische Abkühlgeschwindigkeit zur Bildung des harten und spröden Martensitgefüges überschritten, was ohne besondere Vorkehrungen die Kaltrißgefahr vergrößert. Durch die gute Steuerbarkeit des Elektronenstrahls mit Hilfe von elektrischen und magnetischen Feldern sowie durch die gute Fokussierbarkeit mit Hilfe von magnetischen Linsen kann jedoch mit dem Elektronenstrahl durch Verringerung der mittleren Leistungsdichte bei einer Defokussierung und durch eine praktisch trägheitslose Strahlablenkung durch Magnetfelder eine geeignete Wärmevor- und -nachbehandlung durchgeführt werden. Ein Beispiel (Abb. 15) macht dies deutlich, bei dem das Sicherheitsrisiko für ein mögliches Versagen der Schweißverbindung bei Stoßbelastungen außerordentlich hoch ist. Dabei handelt es sich um ein Teil des Fahrwerks der Boeing 727, bei dem die beiden Fügeteile aus einem geschmiedeten hochfesten, legierten Stahl zunächst bei rotierendem Werkstück 4 min vorgewärmt werden. Dann erfolgt die Schweißung bei fokussierter Strahleinstellung in einem Umlauf, und anschließend kühlt bei wieder defokussiertem Strahl das Werkstück so langsam ab, daß keine unerwünschte Gefügeversprödung durch Aufhärtung eintreten kann. In diesem Fall wird im Hochvakuum mit einer Niederspannungsanlage gearbeitet. Will man große Teile, wie z. B. in Abb. 16 die Rotornabe eines Hubschraubers, noch im Hochvakuum schweißen, so sind hierzu große und teure Kammern mit den zugehörigen Pumpeinrichtungen und einer geeigneten Abschirmung der Röntgenstrahlung notwendig. Neuere Entwicklungen mit einer Kugelkammer von 13 m ⌀ (Abb. 17) sowie einer Kammer in Gestalt eines Halbzylinders, die zum Schweißen von Titanzellen eines Überschallflugzeuges gebaut wurde (Abb. 18), sind aus den USA bekanntgeworden. Die höchstmögliche Schweißgeschwindigkeit ist besonders dann von Vorteil, wenn die Verbindungsaufgabe den zeitlichen Engpaß in der Fertigung darstellt. Ein besonderes Beispiel dafür ist das Schweißen von Rohrleitungsabschnitten für Überlandgroßrohrleitungen mit Hilfe von Rundnähten auf der Baustelle. Diese werden heute in der Regel noch von Hand mit Hilfe des Fallnahtschweißens ausgeführt, jedoch gibt es in jüngster Zeit auch Ansätze zum Einsatz mechanisierter Verfahren. Abb. 19 zeigt eine Elektronenstrahleinrichtung für diesen Zweck für den Baustelleneinsatz. Man arbeitet auch hier im Hochvakuum mit Hilfe besonderer, geteilter Kammern, die von außen und von innen angesetzt werden (Abb. 20). Letztere übernehmen gleichzeitig das Zentrieren der Rohrenden. Es gibt heute auch für das Längsnahtschweißen von dünnwandigen Rohren schon eine Reihe von Elektronenstrahlschweißmaschinen, die unter Atmosphärendruck arbeiten. Dabei werden jedoch die spezifischen Vorteile des Elektronenstrahlschweißens teilweise stark vermindert.

Neben diesen neuen Sonderschweißverfahren ist man aus den aufgezeigten Gründen bestrebt, auch die konventionellen *Lichtbogenschweißverfahren* weitgehend zu mechanisieren. Es ist daher erstaunlich, daß bei steigendem Gesamtverbrauch an Stahlschweißzusatzwerkstoffen (Abb. 21), der nach einer Statistik der Schweißelektrodenvereinigung in der Bundesrepublik mit über 107000 t in den letzten 5 Jahren auf das $1\frac{1}{2}$fache angewachsen ist, der Anteil der umhüllten Elektroden für die Handschweißung immer noch weit mehr als die Hälfte ausmacht. Hierfür scheinen mir zwei Gründe besonders wichtig: Zum einen lohnt sich für viele Baustellenarbeiten sowie für Konstruktionen mit vielen, kurzen Nähten der Mechanisierungsaufwand nicht, so daß das Lichtbogenschweißen von Hand mit abschmelzenden Stabelektroden auch in Zukunft wohl immer noch derartigen Verbindungsaufgaben vorbehalten bleibt. Zum zweiten scheint mir trotz starker Zunahme der mechanisierten Verfahren, die aus dem unteren Kurvenzug für das CO_2-Schutzgasschweißen zu erkennen ist, die Qualitätssicherung des programmiert ablaufenden Schweißprozesses häufig nicht ausreichend zu sein, so daß Nacharbeiten notwendig werden oder gar Ausschuß entsteht. Der Prozeßablauf beim Lichtbogenschweißen ist einer ganzen Reihe von Störgrößen unterworfen, die diesen trotz richtig gewählter Ausgangsschweißdaten ungünstig beeinflussen können. So kann sich z. B. die Geometrie der Schweißfuge während des Fortschreitens der Schweißung durch ungleichmäßige Schweißnahtvorbereitung oder durch Veränderung der Werkstückfugengeometrie infolge der örtlichen Wärmeeinwirkung verändern. Aber auch der Ort der Wärmeeinwirkung durch den Lichtbogen kann sich in unkontrollierter Weise z. B. durch magnetische Störfelder bei Eisenwerkstücken im Verlauf einer Schweißung so ungünstig verändern, daß Fehlstellen entstehen. Es fehlt in der Regel die Kontrolle über den Prozeßablauf, den der Handschweißer bei genügender Schulung und Aufmerksamkeit durch das geübte Auge besitzt. Während der Handschweißer dann ausgleichend und somit regelnd in den Prozeßablauf eingreifen kann, kann die programmierte, mechanisierte Schweißung dies in der Regel nicht. Hier ergibt sich ein weites Feld schweißtechnischer Forschung, um zunächst durch eine Prozeßanalyse die Bedeutung der Einflußgrößen auf die Prozeßführung zu erkennen und danach durch geeignete Maßnahmen unerwünschte Störeinflüsse zu kompensieren.

Am einfachsten ist eine Bahnkurvensteuerung zu verwirklichen, wobei man den Schweißkopf auch bei räumlich gekrümmten Nähten im erforderlichen Oberflächenabstand der Stoßstelle der Fügeteile folgen läßt. Dabei können Schweißgeschwindigkeit sowie der Anstellwinkel der Schweißeinrichtung zur Oberfläche des Bauteils entsprechend der Schweißposition vorprogrammiert werden. Derartige Einrichtungen sind heute z. B. im Automobilbau zum Verbinden von Karosserieteilen aus zwei tiefgezogenen Halbschalen mit Hilfe von Konturennähten bereits Stand der Technik. Bei größeren Fügeteildicken muß man darüber hinaus bei veränderter Fugengeometrie während des Schweißvorgangs über die Veränderung der Schweißgeschwindigkeit oder der Stromstärke steuernd in den Prozeß eingreifen, um einen gleichmäßigen Füllungsgrad der Schweißfuge mit Zusatzwerkstoff zu bewirken. Regelsysteme mit vorausgehender, geometrischer Fugenabtastung und Speicherung sowie Verarbeitung der Meßsignale in einem Prozeßrechner sind in Vorbereitung. Hat die Energiequelle den Meßort erreicht, muß über Stellgrößen der Prozeß so beeinflußt werden, daß eine gleichmäßige Nahtfüllung gewährleistet ist.

In bisher noch unzureichendem Maße haben sich alle Industrienationen mit der gezielten Wärmeeinwirkung und dem gesteuerten Werkstoffübergang beim Lichtbogenschweißen beschäftigt. Beide Größen, sowohl der Materialübergang als auch die Wärmeeinwirkung, sind in der Regel unkontrollierten und schnell ablaufenden Veränderungen unterworfen, die trotz ausgleichender Wirkung des Schmelzbades häufig Anlaß zu Fehlern beim Verbindungsvorgang sind.

Forschungsarbeiten auf diesem Gebiet, die u. a. auch im Institut für Schweißtechnische Fertigungsverfahren der RWTH Aachen durchgeführt werden, haben einerseits eine magnetische Steuerung der Ablenkung des Lichtbogens aus seiner Ruhelage nach vorschreibbaren Bewegungsgesetzen ermöglicht, um eine gewünschte Energieverteilung zu erreichen, andererseits ist die laufende Kompensation von ungewollten Ablenkungen des Lichtbogens durch die „magnetische Blaswirkung“ infolge von örtlich und zeitlich veränderlichen magnetischen Störfeldern bei ferritisch-perlitischen Stählen gelungen.

Ferner kann durch eine angepaßte, impulsförmige Energieeinbringung an der Schweißstelle durch zeitliche Modulation der Stromstärke der meist unregelmäßige Werkstoffübergang bei abschmelzenden Draht- oder Bandelektroden in Form von regelmäßigen gleichmäßig großen Metalltropfen erzwungen werden. Pro Impuls geht dann ein Tropfen bestimmter Größe und Bildungszeit mit großer Beschleunigung in der angestrebten Richtung von der abschmelzenden Elektrode in das Metallbad der Schweißnaht über. Damit kann die Nahtgeometrie in bestimmten Anwendungsfällen wie bei Zwangslagenschweißungen und bei Dünnblechen beeinflußt und der Fugenöffnungswinkel bei guter Wurzelerfassung kleiner als üblich gestaltet werden. Ferner ist die Spritzerbildung praktisch ganz zu vermeiden, da keine Überhitzungen mehr auftreten. Auch die chemische Zusammensetzung des Schweißgutes und die damit bestimmten Eigenschaften lassen sich auf diese Weise in engen Grenzen konstant halten, da die Reaktionszeiten beim Umschmelzvorgang in der Lichtbogenatmosphäre, die dabei auftretenden Temperaturen sowie die Tropfenvolumina bzw. Reaktionsoberflächen stets gleich sind. Allerdings erfordern die geschilderten unregelmäßigen Eingriffe in den Prozeßablauf eine schnell, d. h. im Mikrosekundenbereich reagierende Energiequelle. Hierfür wurde eine auch im Leistungsteil voll transistorisierte Schweißenergiequelle entwickelt, die auch für bestimmte Fälle beim *Lichtbogenschweißen* von Hand Vorteile verspricht, da man hierbei eine zeitlich konstante Stromstärke unabhängig von Lichtbogenlängenänderungen und damit eine „ideale“ Kennlinie verwirklichen kann. Eine Kontrolle der Vorgänge kann nicht nur durch meßtechnische Erfassung der hierfür relevanten elektrischen und mechanischen Kenngrößen, sondern auch durch eine unmittelbare Beobachtung von Lichtbogen und Werkstoffübergang mit Hilfe der Licht- und der Röntgenhochgeschwindigkeitskinematografie erfolgen.

Bei derartigen Eingriffen in den Lichtbogenschweißprozeß muß jedoch bei mechanisierten Verfahren beachtet werden, daß hierbei auch die mechanischen Führungsgrößen, wie z. B. die Vorschubbewegung des Schweißkopfes bzw. des Werkstücks, mit hoher Genauigkeit konstant gehalten werden müssen, sofern man nicht den nächsten, noch aufwendigeren Schritt zu einer adaptiven Regelung machen will. Solche Systeme, die eine kontinuierliche Selbstoptimierung des Schweißprozesses nach bestimmten

Zielkriterien mit Hilfe eines Prozeßrechners anstreben, sind zur Zeit noch in der Entwicklungsphase.

Diese wenigen Beispiele sollen die vielfältige Problematik der modernen Schweißtechnik und deren Entwicklungsrichtungen aus subjektiver Sicht aufzeigen und deutlich machen, wie notwendig auf diesem Querschnittsgebiet der Fertigungstechnik eine gezielte Weiterentwicklung auf der Basis wissenschaftlich fundierter Erkenntnisse geworden ist.

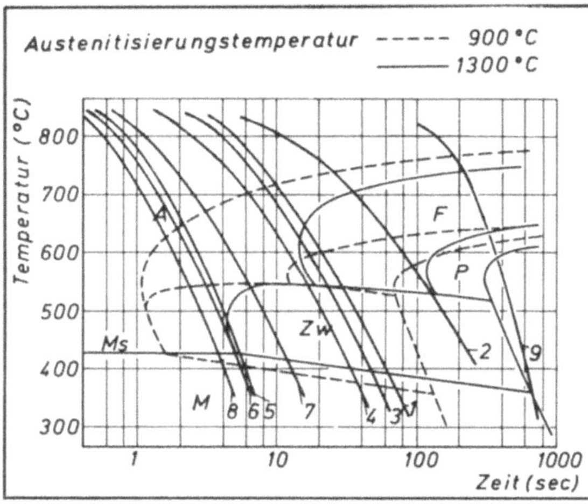

Chemische Zusammensetzung in %					
C	Si	Mn	P	S	Al
0,17	0,51	1,39	0,025	0,024	0,069

U	J	v_S	d	T_0		
V	A	cm/min	mm	°C	Verf.	Nr.
32	505	36	15	20	UP	1
32	505	36	15	300	UP	2
27	440	30	15	20	UP	3
27	440	44	15	20	CO_2	4
29	225	46,5	15	20	CO_2	5
31	350	80,5	15	20	CO_2	6
30	200	25	15	20	u.E.	7
29	115	40,6	10	20	u.E.	8
31,5	730	5	40	20	ES	9

Abb. 1: ZTU-Schaubild (n. Rose) von St 52 mit *Abkühlkurven* für verschiedene Schweißverfahren und Bedingungen

Abb. 2: Integrierte Halbleiterschaltung mit 25 μm dicken Golddrähten zur Kontaktierung der Halbleiterelemente mit Hilfe des *Thermokompressionsschweißens*

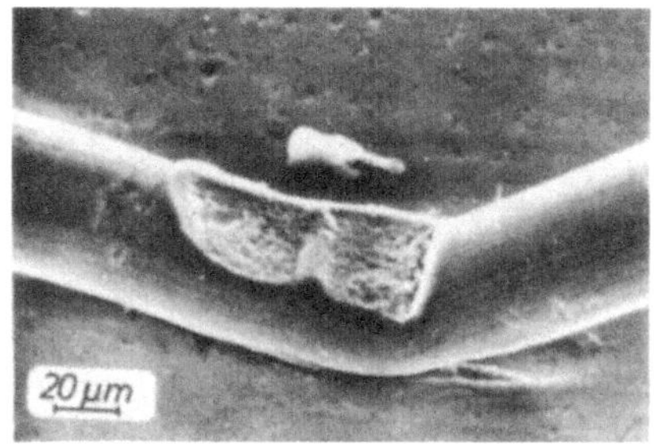

Abb. 3: Verbindung eines 51 µm dicken Aluminiumdrahtes mit einer Aluminiumfolie (50 µm) durch *Mikroultraschallschweißen*

Abb. 4: Verbindung eines Drahtgewebes für die Papierindustrie aus 0,2 mm dicken, austenitischen Cr–Ni-Stahl-Drähten durch *Mikroplasmaschweißen*

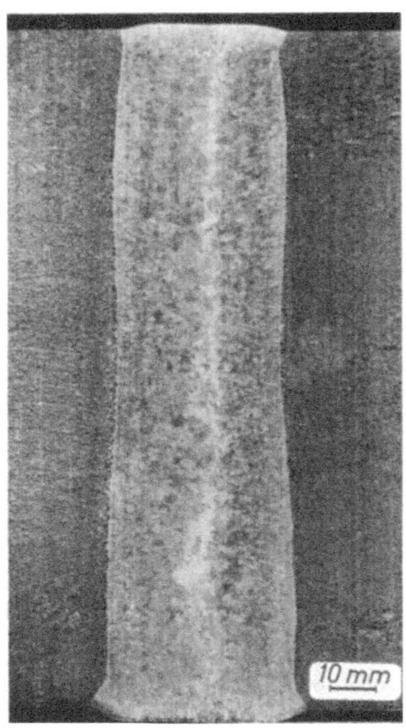

Abb. 5a und b
Elektroschlackeschweißen dickwandiger austenitischer Cr–Ni-Stahlbleche ($s = 145$ mm) für einen Flanschring

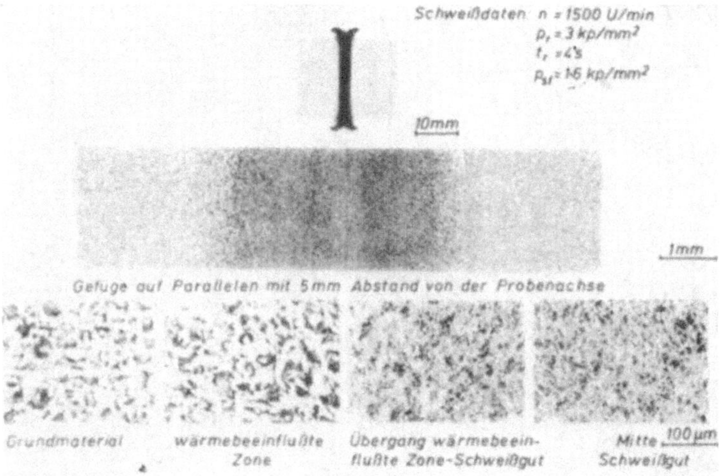

Abb. 6: Verbindung von Rundstahl Ck 35 (20 mm ∅) durch *Reibschweißen* (Längsschnitt mit Makro- und Mikrogefügeaufnahmen)

Abb. 7: *Reibschweißverbindungen* von Wellen (90 mm ∅) und Rohren ($d_a = 120$ mm ∅, $s = 12$ mm) aus Stahl (Stauchkraft: 100 Mp)

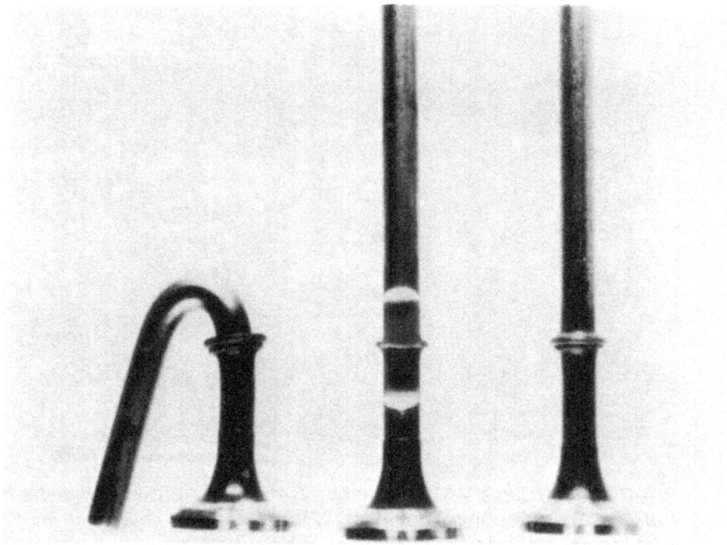

Abb. 8: Reibschweißventile (Schaftdurchmesser: 8 mm)

Abb. 9
Reibschweißverbindungen zwischen Gabelstück und Rohr einer Kardan-Welle (Rohrdurchmesser: 35 mm)

Abb. 10: *Schmelzzonenvergleich* zwischen einer Aufschmelzung eines Cr–Ni-Stahlbleches durch den Lichtbogen mit dem WIG-Verfahren (Schweißgut B) und einer Elektronenstrahl-Tiefschweißung (Schweißgut A)

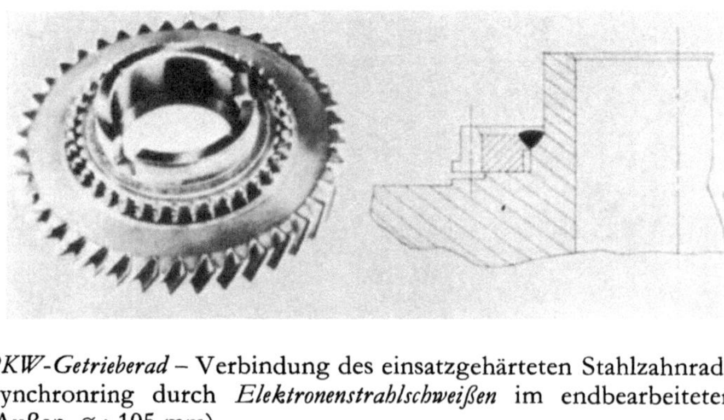

Abb. 11: *PKW-Getrieberad* – Verbindung des einsatzgehärteten Stahlzahnrades mit dem Synchronring durch *Elektronenstrahlschweißen* im endbearbeiteten Zustand (Außen-∅ : 105 mm)

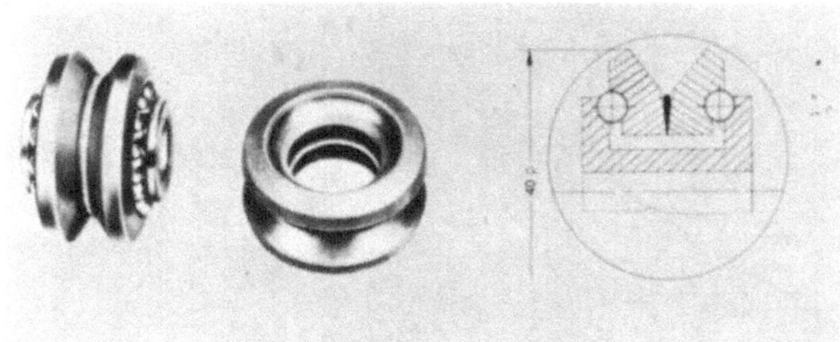

Abb. 12: Herstellung eines *Wälzlagers* mit Hilfe des Elektronenstrahlschweißens aus zwei Ringen eines einsatzgehärteten oder vergüteten Stahles (Außen-∅: 40 mm) – Passung: IT 3 bis IT 5 (DIN 7151)

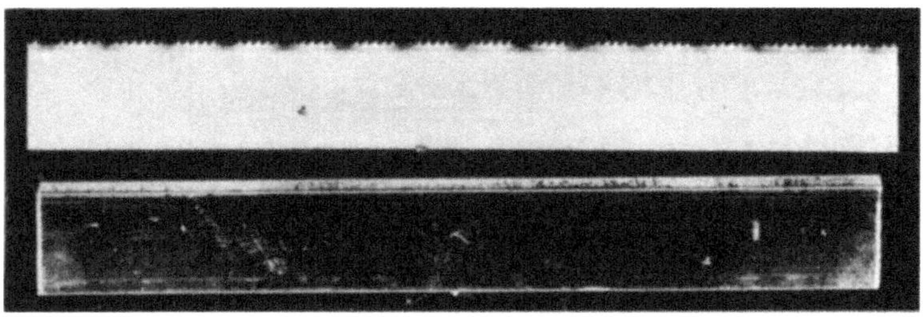

Abb. 13: Bimetall-*Bandsägeblatt*, durch *Elektronenstrahlschweißen* im Feinvakuum (10^{-2} Torr) kontinuierlich geschweißt mit einer Geschwindigkeit von $v = 15$ m/min
oben: nach dem Schweißen
unten: mit nachträglich gestanzten Zähnen im Schnellstahlteil
(Banddicke: 0,8 mm) – Bandbreite: 13 mm – Schweißnahtbreite: ~ 0,4 mm)

Abb. 14: *Elektronenstrahlschweißmaschine* zum kontinuierlichen Verbinden von Bimetall-Sägebändern mit seitlichen Einlauf- und Auslauf-Druckschleusen
Schneidenteil: Schnellstahl
Trägerband: weicher C-Stahl

Abb. 15: Teil des *Fahrgestells* der *Boeing 727* im Hochvakuum elektronenstrahlgeschweißt, aus hochfestem Stahl
Außen-∅: 219 mm; $s = 12$ mm; Vorwärmung mit Elektronenstrahl: 7 mm (defocussierter Strahl)
Schweißzeit: 1,3 min (focussiert)
Nachwärmung: 4 min (defocussiert)

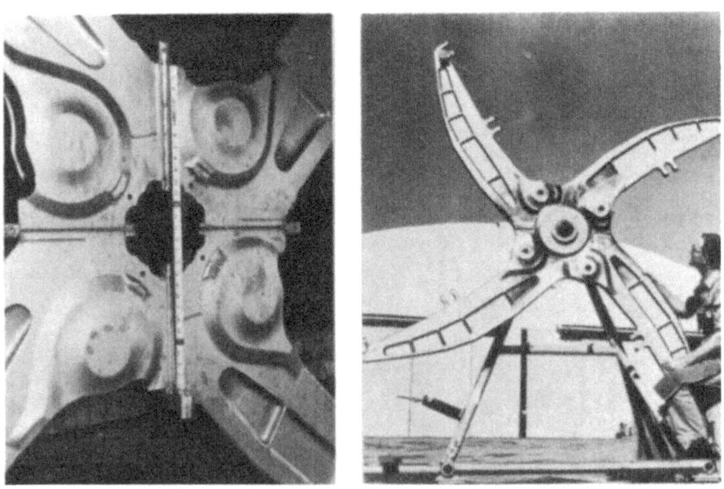

Abb. 16: *Helicopter-Rotornabe*, elektronenstrahlgeschweißt aus 4 geschmiedeten Segmenten der Titanlegierung Ti 6 AlV 4
Dicke: 30 mm
Außen-∅: 3 m (mit Blätter: 5 m)

Abb. 17: Hochvakuum-Elektronenstrahl-Schweißmaschine mit *Schweißkammer* von 13 m Durchmesser

Abb. 18: *Großkammer* einer Hochvakuum-Elektronenstrahlschweißmaschine für das Verbinden von Titan-Zellen eines Überschall-Flugzeuges bis 76 mm Dicke
Evakuierzeit: $\leqq$ 20 min
Innenlänge: 9,31 m
Innenbreite: 3,02 m
Innenhöhe: 2,30 m

Abb. 19: *Hochvakuum-Elektronenstrahl-Schweißmaschine für den Baustelleneinsatz* zum Schweißen von Rohrrundnähten von Pipelines
(Rohraußendurchmesser: 0,7 m; $s \leqq 9$ mm; $5 \cdot 10^{-4}$ Torr)
Gesamtzeit (Rüstzeit + Schweißzeit (2 min)) 15 bis 20 min pro Verbindung

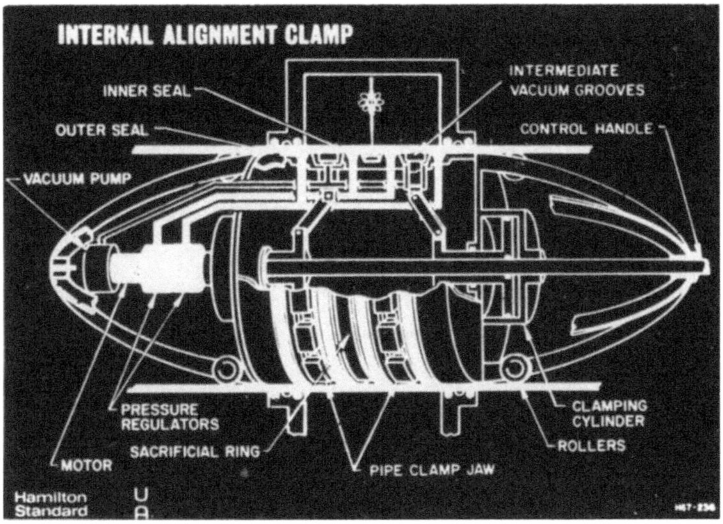

Abb. 20: Schema der Schweißanordnung nach Abb. 19 zum Zentrieren und Abdichten der Schweißstelle

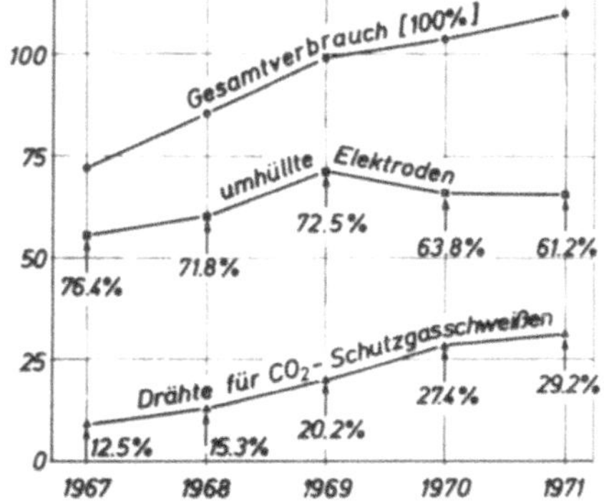

Abb. 21: Verbrauch an Stahlzusatzwerkstoffen zum Schweißen in der BRD in den Jahren 1967 bis 1971 (nach einer Statistik der Schweißelektrodenvereinigung)

Diskussion

Herr Schmeißer: Die Diskussion möchte ich mit einer Frage beginnen, die auch Sie schon angerissen haben. Man hört immer wieder beinahe Legendäres über den Schweißer, der die Pipelines zu schweißen hat: über eine Art Primadonnendasein, das er führe, andererseits aber auch über die besonderen Bedingungen, die hinsichtlich der Reaktionsgeschwindigkeit an ihn gestellt werden usw., daß er also ein Mensch sei, der sich von vielen handwerklich Tätigen unterscheide. Ist es an dem?

Herr Eichhorn: Es ist sicher so, daß man hierbei etwas übertreibt. Andererseits muß man bedenken, daß die Schweißung der Rohrrundnähte die Verlegegeschwindigkeit der Leitungen bestimmt. Wenn außerdem bei diesen Fallnahtschweißungen mit besonderen, zelluloseumhüllten Elektroden Fehler entstehen, gibt es kostspielige Verzögerungen im Baufortschritt. Sie müssen bedenken, daß beim Schweißen von oben nach unten infolge der Schwerkraft leicht die Gefahr besteht, daß Schlacke vorläuft und so Bindefehler entstehen, oder daß das Schmelzbad abläuft. Wenn der Schweißer dies nicht sorgfältig beobachtet und durch seine Fähigkeiten beherrscht, treten Fehler auf. Um Engpässe zu vermeiden, ist es notwendig, diese besonders qualifizierten Leute mit Samthandschuhen anzufassen und sie entsprechend zu honorieren.

Herr Steiner: Eine ganz einfache Frage! Beschränken Sie den Begriff des Schweißens, wie Sie es in Ihrem Vortrag ja getan haben, auf die Verbindung metallischer Werkstücke? Im praktischen Leben werden ja auch Plastiktüten durch Schweißen geschlossen, werden beispielsweise Leitungen für destilliertes Wasser aus Plastikrohren zusammengeschweißt. Oder ist das so unproblematisch, daß sich damit die Schweißtechnik überhaupt nicht beschäftigen muß?

Herr Eichhorn: Nein, ganz sicher nicht. Der Begriff des Schweißens darf natürlich nicht auf das Metallschweißen eingeengt werden; es gibt daneben das Kunststoffschweißen mit spezifischen Problemen, die ich aus meinem

Vortrag aus zwei Gründen ausgeklammert habe: einmal aus Zeitgründen, zum anderen, weil sich mit Forschungsarbeiten auf diesem Gebiet in Aachen mein Kollege Menges beschäftigt. Wir haben eigene Forschungserfahrungen nur über das Metallkleben. Deshalb wollte ich diese Fragen hier unberücksichtigt lassen.

Auch das *Kunststoffschweißen* wirft eine Menge wichtiger Probleme auf. Dort ist vielleicht der Nachholbedarf der wissenschaftlichen Durchdringung der Probleme noch größer und der Erkenntnisstand eigentlich noch unvollkommener als beim Metallschweißen. Die Problematik ist, so meine ich, nicht geringer als beim Metallschweißen, weil man zusätzliche Schwierigkeiten hat durch die starke Inhomogenität der Werkstoffe und außerdem durch die besonderen Eigenschaften der Kunststoffe, die ja wegen ihrer schlechten elektrischen und Wärmeleitfähigkeit und der thermischen Empfindlichkeit die Wärmeeinbringung an die Schweißstelle besonders erschweren. Außerdem ist in jedem Fall ein gewisser Anpreßdruck an den Fügeflächen erforderlich.

Herr Ebner: Bei Dehnungsmessungen an Kugelbehältern haben wir immer wieder feststellen müssen, daß bei der Füllung an den Schweißnähten große Spannungserhöhungen in der Kugelschale eintreten. Die Störung rührt nicht daher, daß die Schweißnaht nicht in Ordnung ist, als vielmehr daher, daß die ursprüngliche Krümmung der Kugelschale durch das Schrumpfen der Schweißnähte abgeflacht wird. Durch den bei der Füllung entstehenden Überdruck wird die Krümmung wieder hergestellt, wobei zusätzliche Biegespannungen auftreten. Dadurch werden die Schweißstellen zu Schwachstellen. Kann man etwas tun, um die Abflachungen bei Kugelschalen zu verhindern, etwa indem man das Schweißen von beiden Seiten vornimmt?

Herr Eichhorn: Ja, eine Gegenschweißung von der Innenseite her kann bei nicht zu großen Wanddicken die Formabweichungen verringern, jedoch nicht beseitigen, wenn die Zugänglichkeit eine Innenschweißung überhaupt erlaubt. Über das Schweißen von Kugelbehältern sind mir Erfahrungen aus der Industrie bekannt, wo man mit Hilfe des Elektroschlackeschweißens die Winkelschrumpfung, also die relative Veränderung der Blechebenen zueinander völlig vermieden hat. Natürlich ist dabei die Wärmeeinbringung sehr groß. Man muß daher den gesamten Schrumpfweg quer zur Naht und damit die Maßänderung des Durchmessers vorher einkalkulieren.

Es gibt somit Verfahrensmöglichkeiten, um diese Schwierigkeiten, die besonders für V-förmige Nahtvorbereitung beim Unterpulverschweißen und beim Handlichtbogenschweißen auftreten, wenigstens zu mildern. Bei der Baustellenschweißung müssen jedoch stets Schmelzschweißverfahren angewandt werden, die wegen der örtlichen Wärmeeinwirkung und Schrumpfung beim Abkühlen immer einen gewissen Verzug bewirken.

Herr Ebner: Meine zweite Frage betrifft die Messung von Eigenspannungen. Eigenspannungen sind ja im allgemeinen schwer festzustellen. Man kennt viele Verfahren, die aber leider nicht zerstörungsfrei sind, z. B., daß man in das Bauteil ein Loch bohrt und hierbei die Verformung des Loches bestimmt. Es gibt die Röntgenverfahren, die aber im allgemeinen an die Oberfläche gebunden sind. Ich bin nicht im Bilde, ob in dieser Hinsicht neue Verfahren entwickelt worden sind, die eine zerstörungsfreie Messung von Eigenspannungen erlauben, also außer dem Röntgenverfahren.

Herr Eichhorn: Diese Frage könnte Ihnen Herr Kollege Hauk sicher besser beantworten als ich. Es gibt leider noch keine Möglichkeit, diesen Eigenspannungszustand im Innern des Bauteilwerkstoffs, wo er ja besonders kritisch ist, zerstörungsfrei experimentell zu bestimmen.

Mir scheint, es kommt bei der Bewertung unter statischer Belastung nicht so sehr – was gelegentlich überschätzt wird – auf die *Höhe* der Eigenspannungen oder einer Eigenspannung in einer Hauptrichtung an, sondern mehr auf die Behinderung der Verformungsfähigkeit durch einen dreiachsigen Zugspannungszustand. Dieser kann sich vorzugsweise im Innern des Werkstoffs – besonders bei dickwandigen Teilen – bei ungünstigen Abkühlungsbedingungen einstellen, der sich sogar der meßtechnischen Erfassung durch zerstörende Verfahren weitgehend entzieht. Zerstörungsfreie Meßmethoden hierfür gibt es leider immer noch nicht. Selbst die röntgenographischen Messungen von Eigenspannungen an Oberflächen von Bauteilen sind wegen der dazu notwendigen Oberflächenvorbereitung für technische Bauteile sehr problematisch.

Herr Stussig: Herr Eichhorn, Schweißen ist möglich, nicht nur dadurch, daß man bei gekrümmten Schweißnähten das Schweißgerät nachführt, sondern man kann natürlich auch den zu schweißenden Körper nachführen und das Gerät festhalten. So sind z. B. im Krieg die U-Boot-Schüsse, die immerhin 40 mm stark waren, große Rohrschüsse von 6 m ⌀ nach dem Ellira-Verfahren geschweißt worden, indem man oben, an der Horizontaltangente, das Gerät angebracht hat und den ganzen Riesenkörper auf Rollen darunter durchgedreht hat. Das hat gut funktioniert. Bei diesen

Schweißungen mußten übrigens die Nähte restlos mit dem Röntgenfilm festgehalten werden.

Herr Eichhorn: Das ist richtig und auch heute noch üblich, Herr Dr. Stussig. Es kommt hier nur auf die Relativbewegung an. In diesem Falle bietet es sogar Vorteile, selbst dieses große Teil auf einer einfachen Drehvorrichtung zu drehen, weil bei dem Prozeß des Unterpulverschweißens gegenüber dem Handschweißen relativ große Schmelzbäder entstehen können. Jedenfalls strebt man das aus Wirtschaftlichkeitsüberlegungen an, wenn dies der Werkstoff zuläßt. Dann muß aber die Schweißung auch in waagerechter Position erfolgen. Sie können daher die Unterpulverschweißung nicht als Rohrrundnaht bei waagerechter Rohrachse mit umlaufendem Schweißkopf ausführen.

Herr Quick: Eine der ersten Elektronenstrahlschweißmaschinen in Deutschland wurde ja dazu benutzt, die Tanks der dritten Stufe der Europa-Rakete zu schweißen. Mir ist bekanntgeworden, daß es außerordentlich schwierig war, die Nachführung des sehr dünnen Elektronenstrahls so exakt zu halten, daß man nicht Gefahr lief, an der Fuge vorbeizuschweißen.

Herr Eichhorn: Es wird heute eine Strahlnachführung, bei der sich der Strahl selbst die Naht sucht, von einer Firma kommerziell angeboten. Diese Strahlnachführung weist noch einige Unvollkommenheiten auf.

Es gibt aber gleichzeitig im Augenblick eine Forschungsarbeit an der Universität Stuttgart, wo man versucht, mit diesen Mängeln fertig zu werden. Es ist zu erwarten, daß eine solche Strahlnachführung apparativ künftig vom Hersteller angeboten werden kann.

Herr Quick: Und wie steht es mit der Kontrolle darüber, ob eine sichere Verschweißung zustande kam?

Herr Eichhorn: Wenn die Strahlnachführung gut funktioniert, ist das kein Problem; denn der Strahldurchmesser ist in aller Regel sehr viel größer als der Spalt. Man strebt an, den Spalt sehr klein zu halten, so daß man auch bei kleinen seitlichen Strahlabweichungen keine Bindefehler erhält.

Es gibt natürlich auch die Möglichkeit einer nachträglichen Kontrolle durch die üblichen Verfahren der zerstörungsfreien Materialprüfung (Dichtheitsprobe, Oberflächeneindringverfahren, Ultraschall- oder Röntgenprüfung usw.). Das sollte man aber möglichst vermeiden. Wenn man einen Prozeß so führen kann – das ist jedenfalls unser Bestreben –, daß man die

Fehler vermeiden kann, dann braucht man nicht den aufwendigen Weg über die Prüftechnik zu gehen, die an sich eine Menge von Problemen hat. Man kann – gerade auch das ist eine große Schwierigkeit in der Schweißtechnik – die Fehler, auf die es wirklich ankommt, die kritisch sind, z. B. feine Risse, häufig bei der Röntgendurchstrahlung nicht erkennen, wogegen man hiermit eine harmlose Pore in jedem Falle einwandfrei nachweisen kann. Das führt natürlich zu Schwierigkeiten in der Beurteilung der Fehler.

Herr Lindner: Der Witz des Elektronenstrahlschweißens ist die sehr große Energiedichte. Ich bin mir nicht klar darüber, wie gering diese Dichte beim defokussierten Strahl beim Vorwärmen und beim Abkühlungsprozeß wird. Ist die Dichte dabei so gering, daß so hohe Zeiten wie 14 Minuten für das Anwärmen und 7 Minuten für das Abkühlen notwendig werden? Oder liegt das an der Größe des Werkstücks bei den Boeing-Fahrgestellen?

Herr Eichhorn: Für die Vor- und Nachwärmung muß die Leistungsdichte des Elektronenstrahls so stark durch Defokussierung verringert werden, daß unter Berücksichtigung der durch Durchmesser und Drehzahl des rotierenden Werkstücks gegebenen Umfangsgeschwindigkeit eine örtliche Überhitzung der Werkstückoberfläche oder gar ein Anschmelzen vermieden wird.

Bei der mäßigen Gesamtleistung des Elektronenstrahls und dem durch die Werkstückdicke von etwa 12 mm, den Durchmesser der Rohre und die große erforderliche Breite der Vorwärmzone gegebenen Werkstoffvolumen werden eben relativ lange Erwärmungszeiten erforderlich.

Herr Lindner: Ist eine so starke Defokussierung notwendig? In der Fertigung bedeutet es eine erhebliche Zeit, wenn die Vor- und Nachbehandlung für ein Werkstück außer der eigentlichen Schweißzeit 21 Minuten in Anspruch nimmt.

Herr Eichhorn: Ja, aus den bereits erwähnten Gründen. Man muß dabei bedenken, daß der Strahldurchmesser auch im defokussierten Zustand eine kleine Fläche für die Energieeinbringung darstellt im Verhältnis zu dem Werkstoffvolumen, dessen Temperatur angehoben werden soll. Eine Verkürzung der Zeiten wäre z. B. durch eine überlagerte Strahlquerpendelung denkbar, die jedoch einen zusätzlichen apparativen Aufwand erfordert.

Herr Schmeißer: Sie sprachen vorhin von der ummantelten Elektrode. Früher hatte ich oft den Eindruck, daß es immer noch eine Art Geheimwissenschaft der Hersteller sei, woraus im einzelnen das Ummantelungsmaterial besteht. Ist das heute noch so?

Herr Eichhorn: Sie schneiden ein sehr heikles Thema an. Man weiß zwar, was die Hauptbestandteile sind; aber die exakte Analyse dessen, was sich in der Umhüllung befindet, ist heute im allgemeinen immer noch firmenintern. Das ist sehr bedauerlich. Dies gilt nicht nur für die umhüllten Elektroden, sondern auch für die mineralischen Schweißpulver für das Unterpulverschweißen. Die Anwender leiden hier sehr darunter, daß bei geringfügigen Änderungen dieser Zusammensetzungen, die sich in der Klassifikation gar nicht ausdrücken, nachher die Schweißeigenschaften, die Verarbeitungseigenschaften sehr empfindlich verändert werden können. Ich glaube, daß man in Zukunft auch seitens der Anwender noch einen stärkeren Druck ausüben muß, um hier mehr Sicherheit zu gewinnen.

Herr Kowalewski: Beim Tank der dritten Stufe, den Herr Quick erwähnt hat, war es – so kann ich mich erinnern – ein Problem, die zu verschweißenden Teile sehr genau zu justieren, damit die Spaltbreite nicht zu groß und nicht zu klein wurde. Ist es heute immer noch so, daß man diese Spaltbreite sehr genau einhalten muß, oder kann man auch schweißen, wenn sich die Teile z. B. gegenseitig ein wenig berühren?

Herr Eichhorn: Grundsätzlich ist die Schweißung am günstigsten, wenn die Verbindungsflächen der Fügeteile *ohne* Spalt aneinanderliegen. Schwierigkeiten treten bei unregelmäßigem oder zu großem Spalt auf.

In den letzten zwei, drei Jahren sind jedoch in dieser Frage sehr erhebliche Fortschritte erzielt worden. Heute ist es möglich, mit besonderen Strahlablenkgeneratoren den Strahl in nahezu beliebigen Bewegungsfunktionen innerhalb von Bereichen von einigen Millimetern sehr schnell ab- und auszulenken. Es gab früher schon Systeme, bei denen man einfach – in Nahtrichtung gesehen – mit einer Quer- oder einer Längspendelung oder einer Kreisablenkung gearbeitet hat. Heute hat man durch Untersuchungen, die in Stuttgart und bei uns z. Z. durchgeführt werden, mit solchen Funktionsgeneratoren Ablenkkurven ermittelt, die bei auch schlechter Nahtpassung zu günstigen Nahtgeometrien führen. Damit kann man heute auch größere Spalte im Bereich von 0,1 bis 1 mm abhängig von Werkstoff und Blechdicke beherrschen.

Herr Stussig: Kann man auch kantige Teile z. B. durch Reibschweißen oder Druckschweißen miteinander verbinden, also dort, wo keine Rotation möglich ist?

Herr Eichhorn: Das Reibschweißen setzt eine Rotation voraus. Eine translatorische Bewegung ist nur in sehr kleinen Bereichen, bei sehr kleinen Schwingungsausschlägen möglich und wird auch genutzt beim Mikro-Ultraschall-Schweißen. Dagegen ist das auch mit Anpreßdruck arbeitende Abbrennstumpfschweißen sowie andere Profil-Preßschweißverfahren, wie z. B. das Diffusionsschweißen oder das Gaspreßschweißen, nicht an die Form des Verbindungsquerschnitts gebunden.

Veröffentlichungen
der Arbeitsgemeinschaft für Forschung des Landes Nordrhein-Westfalen
jetzt der Rheinisch-Westfälischen Akademie der Wissenschaften

Neuerscheinungen 1969 bis 1973

Vorträge N *Heft Nr.*		NATUR-, INGENIEUR- UND WIRTSCHAFTSWISSENSCHAFTEN
189	*August Wilhelm Quick, Aachen*	Die dritte Stufe der europäischen Trägerrakete unter besonderer Berücksichtigung der Prüfung durch Höhensimulationsanlagen
	Philipp Hartl, Oberpfaffenhofen	Der deutsche Forschungssatellit und der deutsch-französische Nachrichtensatellit
	Werner Fogy, Oberpfaffenhofen	Das deutsche Bodenstationssystem für den Funkverkehr mit Satelliten
190	*Sir Denning Pearson †, Derby*	Probleme der Unternehmensführung in der internationalen Flugtriebwerksindustrie
	Lord Jackson of Burnley, London	Die Abwanderung von qualifizierten Fachkräften
191	*Hans Ebner, Aachen*	Konstruktive Probleme der Ozeanographischen Forschung
192	*Harald Schäfer, Münster*	Verbindungen der schweren Übergangsmetalle mit Metall-Metall-Bindungen
	Hans Musso, Bochum und Marburg	Über die Struktur organischer Metallkomplexe
193	*Friedrich Seidel, Marbu*r*g a. d. Lahn*	Entwicklungspotenzen des frühen Säugetierkeimes
	Robert Domenjoz, Bonn	Die entzündliche Reaktion und die antiphlogistischen Heilmittel
194	*Eugen Flegler, Aachen*	Probleme des elektrischen Durchschlags
195	*Franz Lotze †, Münster*	Die Salz-Lagerstätten in Zeit und Raum Ein Beitrag zum Klima der Vorzeit
196	*Johann Schwartzkopff, Bochum*	Die Verarbeitung von akustischen Nachrichten im Gehirn von Tieren verschiedener Organisationshöhen
	Werner Kloft, Bonn	Radioaktive Isotope und ionisierende Strahlung bei der Erforschung und Bekämpfung von Insekten
197	*Werner Heinrich Hauss, Münster*	Über Entstehung und Verhütung der Arteriosklerose
	Hans-Werner Schlipköter, Düsseldorf	Ätiologie und Pathogenese der Silikose sowie ihre kausale Beeinflussung
198	*Louis Néel, Grenoble*	Elementarbezirke und Wände in einem ferromagnetischen Kristall
199	*J. Herbert Hollomon, Norman, Okl.* *Stewart Blake, Menlo Park, Kalifornien* *Emanuel R. Piore, New York* *Wilhelm Krelle, Bonn* *David B. Hertz, New York*	Systems Management
200	*Michael F. Atiyah*	Vector Fields on Manifolds
201	*Jan Tinbergen, Rotterdam*	Optimale Produktionsstruktur und Forschungsrichtung
	Hans A. Havemann, Aachen	Neue Aspekte der Entwicklungsländerforschung
202	*Peter Mittelstaedt, Köln*	Lorentzinvariante Gravitationstheorie
203	*Heinz Wolff, London*	Bio-Medical Engineering
	Alexander Naumann, Aachen	Strömungsfragen der Medizin
204	*Fritz Schröter, Neu-Ulm*	Vorschläge für eine neue Fernsehbildsynthese
	Henricus P. J. Wijn, Eindhoven	Werkstoffe der Elektrotechnik
205	*Thomas Szabo, Paris*	Elektrische Organe und Elektrorezeption bei Fischen
	Franz Huber, Köln	Nervöse Grundlagen der akustischen Kommunikation bei Insekten
206	*Franz Broich, Marl-Hüls*	Probleme der Petrolchemie

207	*Franz Grosse-Brockhoff, Düsseldorf*	Elektrotherapie des Herzens (Eröffnungsfeier am 6. Mai 1970)
208	*Wolfgang Zerna, Bochum*	Bautechnische Probleme bei der Erstellung von Kernkraftwerken
	Otto Jungbluth, Bochum	Sandwichflächentragwerke im konstruktiven Ingenieurbau
209	*Erwin Gärtner, Köln*	Die Vergasung von festen Brennstoffen – eine Zukunftsaufgabe für den westdeutschen Kohlenbergbau
	Rudolf Schulten, Aachen	Reaktoren zur Erzeugung von Wärme bei hohen Temperaturen
	Werner Peters, Essen	Entwicklung von Verfahren zur Kohlevergasung mit Prozeßwärme aus THT-Reaktoren
210	*Léon H. Dupriez, Löwen*	Währungsprobleme der EWG
	Wilhelm Krelle, Bonn	Die Ausnutzung eines gesamtwirtschaftlichen Prognosesystems für wirtschaftliche Entscheidungen
211	*Bernhard Rensch, Münster*	Probleme der Gedächtnisspuren
	Helmut Ruska, Düsseldorf	Was kann der Biologe noch von der Elektronenmikroskopie erwarten?
212	*Franz Koenigsberger, Manchester*	Die Wechselwirkung zwischen Forschung und Konstruktion im Werkzeugmaschinenbau
	Rolf Hackstein, Aachen	Quantitative Analyse von Mensch-Maschine-Systemen
213	*Günter Schmölders, Köln*	Die öffentlichen Ausgaben als Elemente einer konjunkturpolitisch orientierten Haushaltsführung
	Erich Potthoff, Köln	Die Einheit der Unternehmensführung bei dezentralen Verantwortungsbereichen
214	*Martin Schmeißer, Dortmund*	Plasmachemie – ein aktuelles Teilgebiet der präparativen Chemie
	Gerhard Fritz, Karlsruhe	Bildung und Eigenschaften von Carbosilanen
215	*Charles Sadron, Orléans*	Die biologischen Makromoleküle
	Adolphe Pacault, Talence/Bordeaux	Einführung in eine phänomenologische Untersuchung der Evolution von Systemen
216	*Werner Th. O. Forßmann, Düsseldorf*	Moderne Knochenbruchbehandlung im allgemeinen Krankenhaus
	Carl-Heinz Fischer, Düsseldorf	Forschungsergebnisse und erste Erfahrungen mit einem neuen Kunststoff-Füllungsmaterial für die Zahnbehandlung
217	*Lothar Jaenicke, Köln*	Sexuallockstoffe im Pflanzenreich
218	*Gerard P. Baerends, Groningen*	Moderne Methoden und Ergebnisse der Verhaltensforschung bei Tieren
	Martin Lindauer, Frankfurt/M.	Orientierung der Bienen: Neue Erkenntnisse – neue Rätsel
219	*Fritz Micheel, Münster*	Reaktionen im flüssigen Fluorwasserstoff; Bildung von Kohlenwasserstoffen aus Kohlenhydraten
	Burchard Franck, Münster	Biosynthese biologisch aktiver Naturstoffe
220	*Basil Joseph Asher Bard, London*	Die Arbeit der National Research Development Corporation und ihre Beurteilung für den industriellen Fortschritt
	Walter Charles Marshall, Harwell	Die Umorientierung eines Kernforschungslaboratoriums
221	*Günter Ecker, Bochum*	Klassische Probleme der Gaselektronik in moderner Sicht
	Werner Rieder, Zürich	Plasma als Schaltmedium
222	*Sven Effert, Aachen*	Biomedizinische Technik
	Ludwig E. Feinendegen, Jülich	Nuklearmedizin im interdisziplinären Feld der Großforschung
224	*Karl Steimel, Frankfurt/M.*	Spurgeführter Schnellverkehr – Schnellverkehr auf der Grundlage des Rad-Schiene-Systems
	Herbert Weh, Braunschweig	Berührungsfreie Fahrtechnik für Schnellbahnen
226	*Wilhelm Dettmering, Essen*	Entwicklungsschritte zur Überschallverdichterstufe
	Friedrich Eichhorn, Aachen	Verfahrenstechnische Entwicklung der Schweißtechnik und ihre Bedeutung für die industrielle Fertigung
227	*Pierre Jollès, Paris*	From Lysozymes to Chitinases: Structural, Kinetic and Crystallographic Studies
	Hugo W. Knipping, Köln	Tuberkulosebekämpfung in Tropenländern
230	*André Lichnerowicz, Paris*	Mathématique, Structuralisme et Transdisciplinarité

ABHANDLUNGEN

Band Nr.		
10	*Hermann Conrad† und Gerd Kleinheyer, Bonn*	Vorträge über Recht und Staat von Carl Gottlieb Svarez (1746–1798)
11	*Georg Schreiber †, Münster*	Die Wochentage im Erlebnis der Ostkirche und des christlichen Abendlandes
12	*Günther Bandmann, Bonn*	Melancholie und Musik. Ikonographische Studien
13	*Wilhelm Goerdt, Münster*	Fragen der Philosophie. Ein Materialbeitrag zur Erforschung der Sowjetphilosophie im Spiegel der Zeitschrift „Voprosy Filosofii" 1947–1956
14	*Anton Moortgat, Berlin*	Tell Chuēra in Nordost-Syrien. Vorläufiger Bericht über die Grabung 1958
15	*Gerd Dicke, Krefeld*	Der Identitätsgedanke bei Feuerbach und Marx
16a	*Helmut Gipper, Bonn, und Hans Schwarz, Münster*	Bibliographisches Handbuch zur Sprachinhaltsforschung, Teil I. Schrifttum zur Sprachinhaltsforschung in alphabetischer Folge nach Verfassern — mit Besprechungen und Inhaltshinweisen (Erscheint in Lieferungen: bisher Bd. I, Lfg. 1–7; und Bd. II, Lfg. 8–16)
17	*Thea Buyken, Bonn*	Das römische Recht in den Constitutionen von Melfi
18	*Lee E. Farr, Brookhaven, Hugo Wilhelm Knipping, Köln, und William H. Lewis, New York*	Nuklearmedizin in der Klinik. Symposion in Köln und Jülich unter besonderer Berücksichtigung der Krebs- und Kreislaufkrankheiten
19	*Hans Schwippert, Düsseldorf, Volker Aschoff, Aachen, u. a.*	Das Karl-Arnold-Haus. Haus der Wissenschaften der Arbeitsgemeinschaft für Forschung des Landes Nordrhein-Westfalen in Düsseldorf. Planungs- und Bauberichte (Herausgegeben von Leo Brandt †, Düsseldorf)
20	*Theodor Schieder, Köln*	Das deutsche Kaiserreich von 1871 als Nationalstaat
21	*Georg Schreiber †, Münster*	Der Bergbau in Geschichte, Ethos und Sakralkultur
22	*Max Braubach, Bonn*	Die Geheimdiplomatie des Prinzen Eugen von Savoyen
23	*Walter F. Schirmer, Bonn, und Ulrich Broich, Göttingen*	Studien zum literarischen Patronat im England des 12. Jahrhunderts
24	*Anton Moortgat, Berlin*	Tell Chuēra in Nordost-Syrien. Vorläufiger Bericht über die dritte Grabungskampagne 1960
25	*Margarete Newels, Bonn*	Poetica de Aristoteles traducida de latin. Ilustrada y comentada por Juan Pablo Martir Rizo (erste kritische Ausgabe des spanischen Textes)
26	*Vilho Niitemaa, Turku, Pentti Renvall, Helsinki, Erich Kunze, Helsinki, und Oscar Nikula, Åbo*	Finnland — gestern und heute
27	*Ahasver von Brandt, Heidelberg, Paul Johansen, Hamburg, Hans van Werveke, Gent, Kjell Kumlien, Stockholm, Hermann Kellenbenz, Köln*	Die Deutsche Hanse als Mittler zwischen Ost und West
28	*Hermann Conrad†, Gerd Kleinheyer, Thea Buyken und Martin Herold, Bonn*	Recht und Verfassung des Reiches in der Zeit Maria Theresias. Die Vorträge zum Unterricht des Erzherzogs Joseph im Natur- und Völkerrecht sowie im Deutschen Staats- und Lehnrecht
29	*Erich Dinkler, Heidelberg*	Das Apsismosaik von S. Apollinare in Classe
30	*Walther Hubatsch, Bonn, Bernhard Stasiewski, Bonn, Reinhard Wittram, Göttingen, Ludwig Petry, Mainz, und Erich Keyser, Marburg (Lahn)*	Deutsche Universitäten und Hochschulen im Osten
31	*Anton Moortgat, Berlin*	Tell Chuēra in Nordost-Syrien. Bericht über die vierte Grabungskampagne 1963
32	*Albrecht Dihle, Köln*	Umstrittene Daten. Untersuchungen zum Auftreten der Griechen am Roten Meer

GPSR Compliance

The European Union's (EU) General Product Safety Regulation (GPSR) is a set of rules that requires consumer products to be safe and our obligations to ensure this.

If you have any concerns about our products, you can contact us on ProductSafety@springernature.com

In case Publisher is established outside the EU, the EU authorized representative is:

Springer Nature Customer Service Center GmbH
Europaplatz 3
69115 Heidelberg, Germany

Batch number: 10584556

Printed by Printforce, the Netherlands